KB040304

관계의 과학

관계의 과학

복잡한 세상의 연결고리를 읽는 통계물리학의 경이로움

© 김범준, 2019. Printed in Seoul, Korea

초판 1쇄 펴낸날 2019년 12월 10일
초판 9쇄 펴낸날 2023년 7월 19일
지은이   김범준
펴낸이   한성봉
편집   최창문·이종석·조연주·오시경·이동현·김선형·전유경
디자인   권선우·최세정
마케팅   박신용·오주형·강은혜·박민지·이예지
경영지원   국지연·강지선
펴낸곳   도서출판 동아시아
등록   1998년 3월 5일 제1998-000243호
주소   서울시 중구 퇴계로30길 15-8 [필동1가 26]
페이스북   www.facebook.com/dongasiabooks
인스타그램   www.instargram.com/dongasiabook
전자우편   dongasiabook@naver.com
블로그   blog.naver.com/dongasiabook
전화   02) 757-9724, 5
팩스   02) 757-9726

ISBN   978-89-6262-315-4 03400

이 도서의 국립중앙도서관 출판예정도서목록(CIP)은
서지정보유통지원시스템 홈페이지(http://seoji.nl.go.kr)와
국가자료공동목록시스템(http://www.nl.go.kr/kolisnet)에서
이용하실 수 있습니다.(CIP제어번호: CIP2019049087)

만든 사람들
책임편집   조유나
크로스교열   안상준
디자인   전혜진
아트디자인   장지원

관계의 과학

복잡한 세상의
연결고리를 읽는
통계물리학의 경이로움

김범준 지음

동아시아

프롤로그

함께하면 달라진다

"함께하면 달라지는 것"이 재밌다. 통계물리학에서 가장 관심 있어 하는 주제들에는 공통점이 있다. 많은 구성요소들이 모여 서로 영향을 주고받으며 상호작용할 때, 전체가 어떤 거시적인 특성을 새롭게 만들어내는지가 주된 관심이다. 나를 포함한 많은 통계물리학 연구자들이 전통적인 물리 시스템을 넘어, 사회나 경제, 그리고 생태나 환경에 관련된 주제에도 관심이 많은 이유다. 주식시장에서 한 회사의 주가는 그 회사의 내부 사정만으로는 설명할 수 없다. 서로 엇물린 수많은 경제주체들 사이의 연결이 주가를 결정한다. 수많은 생물종이 서로 연결되어 살아가는 생태계에서도 한 종의 생존은 다른 모든 생명과의 관계 안에서만 가능하다. 지구 전체의 기후 변화도, 서로 맞물린 다양한 기상요소가 상호작용한 결과다. 이처럼, 개별 요소를 아무리 눈을 씻고 쳐다봐도 보이지 않던 현상이, 영향을 주고받는 여럿이 함께 하면 질적으로 다른 현상을 만들어내는 시스템이 바로 복잡계다.

많은 사람이 서로 연결되어 살아가는 인간사회도 대표적인 복잡계다. 연결되어 함께하는 여럿은, 모래알처럼 흩어져 따로따로 존재하는 여럿이 할 수 있는 일과는 질적으로 다른 성과를 만들어낸다. 우리가 매일 이용하는 온갖 전자 장치들, 매일 먹는 음식들은, 결국 다른 많은 이들의 노력이 연결된 결과다. 파편화되어 어느 누구와도 연결되지 않은 사람들로 이루어진 사회에서는 스마트폰도, 김치볶음밥도 없다. 사회를 구성하는 한 사람이 하는 일은 단순할 수 있지만, 함께한 여럿이 연결되면 사회 전체는 복잡한 행동을 창발한다.

사람들이 서로 연결되어 소통하는 사회연결망의 구조는 어떤 것인지, 사람들 사이에서 부의 불평등은 어떻게 만들어질 수 있는지, 대박 영화의 흥행 패턴과 전염병의 전파 방식은 어떻게 관계 지어질 수 있는지. 이런 질문들은 나뿐 아니라 많은 통계물리학자들이 관심을 갖는 주제다. 지난달 출판한 논문에 실린 연구를 대중강연에서 이야기해도 사람들이 재밌게 들어주는 연구 분야는 사실 그리 많지 않다. 통계물리학을 연구 분야로 택한 젊어서의 선택이 뿌듯함으로 다가오는 순간이다.

나는 행복한 물리학자다. 내가 했던 연구 중 많은 것들은 '그냥, 궁금해서' 한 연구들이다. 호기심으로 시작한 연구가 길게 이어지다, 처음 가졌던 질문에 대한 답을 처음 깨닫게 되는 순간이 있다. 이때 느끼는 지적인 쾌감은 정말 짜릿하다. 몇 번 경험해서 중독되고 나면, 이제 여기서 벗어날 수 없게 된다. 다음 호기심 사냥이 다시 시작된다. 세상에 재밌고 궁금한 것은 또 왜 이리 많은지.

물리학자도 세상에 말을 한다. 학술 논문의 경우 내 말을 듣는 이들은 주로 같은 분야의 연구자들이다. 같은 업계에 있는 사람들이다 보니, 자세히 말하지 않아도 누구나 아는 내용은 논문에 적을 필요 없고, 수식과 그래프는 적으면 문제지, 많아서 문제가 되는 일은 드물다. 세상에 내놓는 책은 다르다. 읽는 이들을 머릿속에 떠올리며 쓰는 것이 책이다. 쓰는 이가 한 얘기를 적은 수의 사람만 알 수 있다면, 그건 책이 아니라 학술 논문으로 적는 것이 제격이었다는 뜻이다. 아무도 듣지 않는 말은, 하지 않은 말과 다르지 않다.

이제 또 세상에 책을 내민다. 내가 한 말이 독자에 닿기를,

관계의 과학

세상을 보는 과학의 눈에 더 많은 사람이 공감할 수 있기를 바란다. 과학의 합리성과 열린 소통으로 함께하는 사람들이 모여 지금보다 나은 세상을 앞당길 수 있기를 바란다. 함께하면 달라지니까.

2019년 12월 1일

김범준

차례

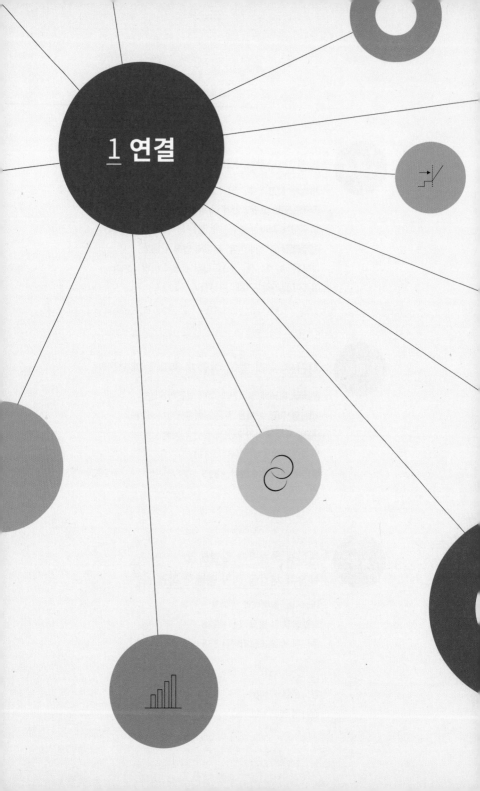

1 연결

변화의
순간을
발견하는 일

기본 입자들은 서로 상호작용하여, 우리가 보는 우주를 만든다. 상호작용하는 입자들이 모여 만들어내는 현상은 개별 입자 하나의 속성으로 환원해서 이해할 수 없다. 흐르는 물, 딱딱한 얼음처럼, 거시적인 물체는 독특한 물성을 갖는다. 물 분자 하나는 딱딱할 수 없다. 물 분자 사이의 연결 구조가 얼음의 딱딱함을 만들어낸다. 서로 소통하며 연결해 우리 모두가 함께하는 사회도 마찬가지가 아닐까. 전체로서의 사회가 어떤 모습을 보여주는지는, 그 안에서 살아가는 우리 서로의 연결과 소통에 달렸다. 연결이 우리를 만든다.

변화는 언제 일어나는가

　세상에는 정말 다양한 사람들이 산다. 어떤 이는 다른 사람과 다르면 못살고, 누구는 또 같으면 못산다. 다른 사람과 달라 보이고 싶어 하는 정도도 또 제각각이다. 통 넓은 바지를 입는 사람들(이제부터 '넓은 바지인'이라 하자) 100명으로만 이루어진 사회에 어느 날 한 사람이 통 좁은 바지로 바꿔 입고('좁은 바지인') 홀연히 등장했다고 해보자. 현재 스코어 99 대 1. 이 상상의 사회에서도 어떤 새로운 것을 시도하는 기준은 사람들마다 다르다. 어떤 이는 좁은 바지인이 주변에 한 명만 있어도 그 새로운 좁은 바지를 입어보려는 사람이 있고, 어떤 이는 좁은 바지인이 주변에 두 명은 되어야 기존의 넓은 바지를 포기하며, 또 누군가는 좁은 바지인이 50명이 되어야 마음을 바꿔 마지못해 좁은 바지를 택한다고 해보자. 사람들마다 다른, 기준이 되는 이 값을 '문턱값'이라 한다. 한옥에는 대청마루와 안방을 나누는 미닫이문이 있고, 문 아래에는 문턱이 있다. 문턱 이쪽은 대청, 저쪽은 안방으로 나뉘는 것처럼, 어떤 값이 문턱값보다 작을 때와 클 때 사람들은 다르게 행동한다.

넓은 바지를 포기하고 좁은 바지를 택하게 되는 사람들 각각의 문턱값이 서로 다르고, 이 값이 1, 2, 3…처럼 나란히 늘어서 있다고 해보자. 이 사회에 좁은 바지인이 한 명 등장하면, 곧 문턱값이 1인 사람이 자기도 바지를 바꿔 입어 98 대 2가 된다. 다음에 어떤 일이 생길지는 쉽게 짐작할 수 있다. 문턱값이 2인 사람이 좁은 바지로 바꾸니 97 대 3이 되고, 그 다음에는 96 대 4, 95 대 5… 좁은 바지인의 수가 늘어날수록, 좁은 바지의 유행에 참여하는 사람은 더 늘어나게 되어, 좁은 바지의 유행은 곧 눈사태처럼 사회 전체에 퍼진다. 0 대 100으로 모든 사람들이 좁은 바지인이 될 때까지. 그런데 잠깐. 가만 생각해보면 좁은 바지의 유행이 100명 모두에게 퍼지지는 않을 것이라는 것을 예상할 수 있다. 좁은 바지인이 늘어날수록, 처음 이 상상의 사회에 좁은 바지를 입고 등장했던 바로 그 유행의 선두주자는 불만이 쌓이게 될 테니 말이다. 남들과 달라 보이려고 좁은 바지를 택했는데, 이제 모든 이가 좁은 바지를 입고 거리를 활보한다. 아마도 이 사람은 이제 다른 시도를 할 테다. 이를테면, 짧은 바지. 바로 이 것이 사람들 사이에 유행하는 옷차림이 느리더라도 끊임없이 변하는 이유다. 다른 사람들과 얼마나 다르고 싶은지, 각자가 가진 문턱값의 정도는 얼마나 다른지에 따라 시시각각 변화하는 유행의 동적인 패턴이 만들어진다.

유행의 전파와 같은 사회현상뿐만이 아니다. 변화의 '문턱값'은 자연현상에서도 어디서나 볼 수 있다. 얼음이 녹아 물이 되는 온도 0도도 문턱값이고, 자성을 유지하던 자석이 온도가 높아지면 자성이 없어지는 특정 온도도 문턱값이다. 지구의 중력을 벗어나 우주로 나아가는 로켓의 탈출속도도 문턱값이다. 도달하기 전과 도달한 다음이 달라지는 모든 변화에는 문턱값이 있다. 산불에도 문턱값이 있다.

상상을 해보자. 커다란 평야가 있다. 여기저기 씨앗이 발아해 마구잡이로 나무가 자란다. 숲은 점점 울창해져 나무의 밀도가 점점 커진다. 당연하다. 자, 이 사고실험에 이번에는 다른 요소를 하나 더하자. 가끔은 번개가 쳐 산불이 일어난다고 가정해보자. 어떤 일이 생길까? 울창한 숲은 나무가 빽빽하니 한 번 산불이 일어나면 많은 나무를 태운 다음에야 산불이 멈춘다. 즉, 나무의 밀도가 아주 크면, 큰 규모의 산불이 일어나 나무의 밀도가 급격히 줄어들 수 있다. 거꾸로, 나무의 밀도가 작다면 어떨까? 이 경우, 번개가 쳐 발화해도 주변의 나무 몇 그루만 태우고는 산불이 사그라질 것이다. 불이 옮겨 가려 해도 주변 나무가 별로 없으니 말이다. 지금까지의 사고실험을 떠올리면 딱히 신기할 것도 없어 보인다. 나무의 밀도가 크면 산불이 일어나 밀도가 작아진다. 밀도가 작으면 산불이 나도 피해를 크게 주지 않으니 숲이 점점 울창해져서 밀도가 커진다. 당연해 보이는 사고실험의 결과지만, 흥미로운 점이 있다. 숲의 나무 밀도가 특정한 어떤 값으로 다가선다는 점이다. 즉, 나무 밀도에 문턱값(혹은 임계값이라고도 한다)이 있어서 밀도가 문턱값보다 크면 밀도가 줄고, 거꾸로 밀도가 이 문턱값보다 작으면 저절로 밀도가 늘어난다.

어떤 문턱값이 있어서 이 값에 도달하기 전과 그 후가 급격히 달라지는 자연현상이 많다. 온도를 올려서 100도가 되면 물이 끓는다. 이때 100도가 바로 문턱값이다. 99도까지 아무 일도 없던 물이 100도가 되면 끓기 시작한다. 즉, 물이 수증기로 변하는 상전이가 일어나려면 누군가 온도를 조절해 100도에 맞춰야 한다. 앞의 산불 사고실험은 다르다. 나무 밀도의 문턱값을 조절할 필요가 전혀 없다. 그냥 내버려두어도 여기저기 나무가 싹 터 자라고, 여기저기 번개가 떨어져 산불이 나기만 해도, 숲 전 체의 나무 밀도는 스스로 어떤 문턱값에 저절로 도달한다. 이런 현상을 통계물리학에서는 '스스로 조직하는 임계성self-organized criticality, SOC'이라고 부른다. 가만히 내버려두어도 시스템이 저절 로 임계점에 다가선다는 뜻이다. 임계점에서 멀어지면 시스템의 성질 자체로 인해서 다시 임계점을 향해 다가선다. 숲의 밀도가 저절로 조절되는 것이 바로 이런 현상이다.

어떤 시스템이 임계점에 있으면 몇 가지 특별한 성질을 보 여준다. 시스템을 약간만 건드려도 그 영향이 일파만파 커져 전 체로 파급될 수 있다는 것이 그중 하나다. 앞에서 소개한 간단한 산불 모형에서도 그렇다. 여기저기 나무가 자라고 산불로 어떤 나무는 없어지는 동적 과정이 계속되다 보면, 나무의 분포 양상 이 특별한 형태가 된다. 좁은 지역에 많은 나무가 모여 있는 모 습도 아니고, 나무가 서로 연결되지 않고 여기저기 듬성듬성 퍼 져 있는 모습도 아니다. 흥미롭게도 저절로 임계점에 도달한 전 체 숲에서 나무의 분포는 프랙탈의 형태로 공간상에 분포하게 된다. 이런 임계 상태에 있는 숲에서는 산불의 규모가 매번 뒤죽 박죽 다르다는 것도 잘 알려져 있다. 어떨 때는 아주 적은 수의

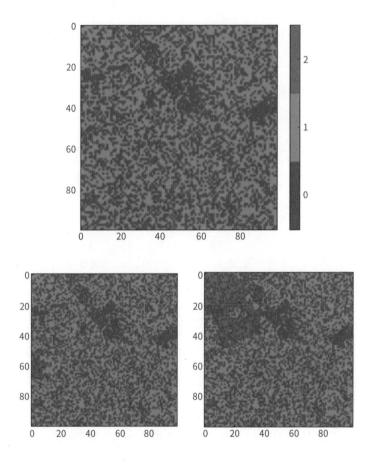

그림1-1_ 가로세로 크기가 100인 평야에서 산불 모형이 저절로 임계 상태에 도달한 후의 나무(초록색)의 분포(위쪽)다. 동일한 상태임에도 발화의 위치에 따라 산불(붉은색)의 규모는 작을 수도(왼쪽 아래), 혹은 클 수도(오른쪽 아래) 있다.

나무만 불이 붙고는 산불이 저절로 꺼지지만, 어떨 때는 산불이 숲 전체로 퍼져 수많은 나무를 숯 더미로 만든 다음에야 산불이 멈추기도 한다. 이처럼, 나무들이 저절로 임계 상태에 다가선 산불 모형의 산불에는 특정한 규모가 없다. 〈그림1-1〉은 산불 모형이 저절로 임계 상태에 도달한 후의 나무의 분포, 그리고 이때 처음 어디서 발화했는지에 따라 산불의 규모가 많이 다르다는 것을 보여준다.

숲에서 일어나는 산불의 규모에 특징적인 값이 없다는 것은 수학적으로는 산불 규모의 확률분포함수가 척도가 없는 멱함수 꼴이라는 얘기다. 작은 규모의 산불은 자주 일어나고, 큰 규모의 산불은 드물게 일어난다. 정확히 언제인지 예측하기 어렵지만, 언제라도 일어날 수 있다는 의미다. 산불 규모의 평균값과 표준편차로 할 수 있는 얘기는 이런 거다. 새로운 산불이 막 일어났다. 평균값은 몇 그루의 나무가 불탈지에 대한 예측을 할 수 있게 해준다. 표준편차는 다르다. 방금 얘기한 평균값 예측치가 얼마나 불확실한지를 알려준다. 불탄 나무가 몇 그루인지에 대한 평균값이 100, 표준편차가 1이라면, 산불의 규모가 100 정도일 때에만 대비하면 된다. 피해액도 어렵지 않게 예측할 수 있고, 또 이를 근거로 산불 진화에 얼마나 큰 노력을 해야 할지도 쉽게 추산할 수 있다. 〈그림1-1〉의 산불 모형으로 계산해보니 산불 규모의 평균값은 160인데, 표준편차는 더 커서 무려 353이었다. 어떤 의미일까? 평균값 160을 기준으로 대비를 하는 것이 충분하지 않다는 뜻이다. 평균은 160이지만, 이번 산불은 그 규모가 500일 수도, 혹은 1일 수도 있다. 규모가 160인 평균적인 산불에 대비해도 대비가 충분한지, 아니면 쓸데없이 너무 큰 산불에 대비를 하고 있는 것인지, 도대체가 전혀 판단할 수 없다는 뜻이다. 산불 규모에 척도가 없기 때문이다.

표준편차가 크더라도 산불 규모에 시간적인 패턴이 있다면 앞으로 일어날 산불의 규모를 어느 정도 예측할 수 있다. 예를 들어, 세 번의 작은 산불 후에는 항상 큰 산불이 일어나는 식이라면, 우린 쉽게 대비할 수 있다. 시간에 따라서 산불의 규모가 얼마나 서로 연관이 되어 있는지는, 자기상관함수autocorrelation function를 통해 재면 된다. 통계물리학뿐 아니라 다른 과학 분야에서도 자주 쓰는 양이다. 산불 규모의 자기상관함수를 재보면, 그 모습은 시간이 지나면서 아주 급격히 0으로 줄어드는 꼴이 된다. 즉, 시간이 조금만 지나면 과거의 산불의 규모로부터 다음에 올 산불의 규모를 알 수 없다는 얘기다. 산불 규모에 주기성이 있는지도 어렵지 않게 측정해보는 방법이 있다. 계산해보면

관계의 과학

산불 규모에는 시간적인 주기성도 없다. 큰 산불은 일정한 주기로 반복되지 않는다.

자, 우리의 상상의 산불 모형에서 큰불이 나 커다란 재앙으로 이어졌다고 하자. 산불 모형의 가상 정부에서 조사를 시작한다. 그 결과는 아마도 이렇게 적히리라. "1. 좌표 (74, 23)에 있는 나무에 번개가 떨어져 처음 발화가 일어났다. 2. 이 나무가 불타며 옆에 나란히 있던 나무 (74, 24)에 불이 옮겨 붙었는데, 이 나무가 주변 네 그루와 간격이 좁았던 게 문제였다. 나무 네 그루에 불을 옮겼고 이후 산불은 걷잡을 수 없이 커졌다." 조사 위원회는 해결책도 제시한다. "이번 산불 재앙은 바로 (74, 24)에 있던 나무다. 이 나무를 미리 벌목했다면 이번 재앙은 발생하지 않았다. 따라서 네 그루 이상 나무가 다닥다닥 붙어 있는 모든 지역에서는 네 그루당 한 그루의 나무를 벌목해야 한다." 바빠진 가상 사회의 공무원이 전국의 숲 현황을 조사했다. 그러곤 가상 중앙 정부에 보고한다. "그런 곳이 한두 군데가 아닌데요. 어디나 그래요. 위험한 곳을 모두 없애려면 숲을 다 없애야 해요." 네 그루의 나무가 연결되어 있는 곳은 부지기수인데 전에는 이런 곳에 불이 번져도 큰 규모의 산불로 이어지지 않을 때가 더 많았다는 거다. 이 가상의 산불 모형의 교훈이다. 막 발생한 산불이 정말 큰 규모의 산불로 번질지 아닐지를 예측할 수 있는 현실적인 방법은 없다. 전국에 퍼져 있는 나무 하나하나의 구체적이고 세세한 공간 분포가 산불의 최종 규모를 결정한다. 즉, 전체 나무 위치에 대한 모든 정보를 알 수 없다면, 다음의 산불이 얼마나 큰 규모가 될지 미리 알 수 없다.

현실의 지진은 산불과 다르다. 게다가 앞에서 설명한 산불 모형과는 더더욱 다르다. 당연하다. 이처럼 단순한 산불 모형으로 현실의 지진을 구체적으로 이해하기는 어렵다. 산불과 지진은 엄연히 다른 자연현상이지만, 정성적으로는 지진의 통계적인 특성을 마찬가지로 이해할 수 있다. 이 주제에 대한 깊이 있는 논의는 마크 뷰캐넌Mark Buchanan의 『우발과 패턴』에 잘 담겨 있다. 통계물리학을 이용하면 지진에 대해 어떤 이야기를 할 수 있을까?

통계적인 방법으로 지진을 예측한다는 말은 아주 다른 차원에서 사용되기도 한다. 먼저, 지진과는 직접 관계가 없어 보이는 어떤 전조 증상을 관찰해 다음에 올 큰 지진을 예측하려는 시도가 있다. 지진이 발생하기 전에 특정한 모양의 구름이 보인다는 주장도 있고, 보통과는 다른 무지개가 지진을 미리 알려준다

관계의 과학

는 주장도 있다. 우리나라에서 2016년 7월 부산과 울산 지역에서 원인을 알 수 없는 가스 냄새를 맡은 사람이 많았다는 신문기사도 있었다. 이런 전조 증상이 지진을 예측한다고 할 만한 통계적으로 유의미한 증거는 없다는 것이 과학계 일반의 생각이다. 지진에 대한 전조 증상이 보고될 때는 일단 큰 지진이 일어난 다음, 지진이 일어나기 이전인 과거에 보통 때와 무슨 다른 일이 있었는지를 되짚어보는 중립적이지 않은 방법을 택할 때가 많다. 아니나 다를까, 2016년 경주 지진이 발생하자 7월의 부산과 울산 지역의 가스 냄새가 혹시 경주 지진의 전조 증상인 게 아니냐고 말하는 사람들이 있었다. 지진 이전에 동물들이 이상행동을 보인다는 주장도 있다. 큰 지진 발생 직전에는 사람이 몸으로 직접 느끼지 못하는 전진foreshock이 발생하고는 하는데 민감한 동물이 규모가 작은 전진을 느낄 가능성은 물론 있다. 하지만 사람들이 미리 대비할 정도의 충분한 시간 간격을 두고 동물의 이상 행동으로부터 지진을 예측하는 것은 신뢰할 만한 방법이 아니라는 것이 과학계의 일반적인 생각이다.

이러한 지진 예측에 대한 시도는 하나같이 과학적인 검증을 통과하지 못한 주장들이다. 통계물리학자들이 어떻게 지진을 이해하는지, 다시 산불 모형 실험으로 돌아가보자. 앞에서 설명한 산불 모형의 결과와 현실 지진의 발생 패턴을 비교하면, 큰 틀에서는 지진에 대한 이해를 어느 정도 할 수 있다고 많은 통계물리학자들은 생각한다. 지진은 맨틀 위에서 움직이는 지각의 운동이 가장 중요한 요인이다. 지각이 부딪치거나 옆으로 밀리게 되면, 여기저기에 스트레스가 누적된 곳이 생긴다. 바로, 여기저기 싹터 성장한 나무들이 우연히 서로 가깝게 자라 밀도가 높아진 곳이라고 생각하면 된다. 어쩌다 전혀 예측할 수 없는 위치에서 작은 규모의 지각의 변동이 생긴다. 처음에는 작은 바위 하나가 아주 조금 옆으로 움직이는 것일 수도 있다. 산불 모형에서 어딘가에 떨어진 번개로 인해 나무 한 그루에 처음 불이 붙은 상황에 해당한다. 앞에서 명확히 보였듯이 최종적으로 얼마나 큰 산불로 번질지는 전적으로 우연에 의해 결정된다. 어디에 번개가 쳤는지, 그곳 주변의 나무 몇 그루가 어디에 있었는지에 따라 결과는 많이 다를 수 있다. 지진도 마찬가지다. 어떨 때는 최초의 작은 지각의 움직임이 이곳저곳 누적된 스트레스의 연결로 이어져 커다란 지진이 되고, 또 어떨 때는 처음 위치의 작은 지각의 움직임이 파급되지 않고 멈춰버린다. 산불이나 지진이나 마찬가지다. 지진을 예측하는 것은 불가능하다.

누구나 내려받을 수 있는 우리나라 기상청의 지진 자료로 구해본 지진 에너지의 확률분포는 멱함수 꼴이다. 이를 구텐베르크-리히터 법칙이라 한다. 앞의 산불 규모 확률분포함수와 같은 꼴이다. 지진 규모에도 척도가 없다는 의미다. 우리나라 5,000년 역사상 가장 큰 지진이 당장 내년에 발생한다고 해도 이상한 일이 아니라는 뜻이다(물론 그 확률은 아주 작다). 지진 데이터를 가지고 자기상관함수를 구해볼 수 있다. 그 결과는 산불 모형과 마찬가지여서 큰 지진을 시간적으로 미리 예측할 수 있는 전조 지진이라는 것은 없다는 것을 명확히 보일 수 있다. 지진의 시계열 자료로 파워 스펙트럼을 구할 수 있다. 이것도 산불 모형과 마찬가지다. 지진 발생에 주기는 없다. 지진은 예측할 수 없다. 시간에 상관관계가 없어 어제까지의 수많은 지진 자료가 있어도 내일 지진을 예측할 수 없다. 주기성도 없다. 과거 큰 지진의 주기를 발견하려는 학계의 모든 노력은 참담하게 실패했다. 파워 스펙트럼을 계산해보면 알 수 있다. 주기가 없으니 실패하는 것이 당연하다.

우리나라의 지각 구조에 대한 구체적인 정보로 다음 지진을 예측하려는 시도는 성공할 가능성이 거의 없다고 대부분의 통계물리학자는 생각한다. 땅속 어딘가 작은 바위 하나가 놓인 위치의 작은 차이가 최종 지진의 규모를 결정할 수도 있기 때문이다.

또, 과거의 지진으로 미래에 올 지진을 예측할 수도 없다. 시간적인 예측이 어렵다는 것은 자기상관함수와 파워 스펙트럼으로 금방 확인할 수 있다. 딱히 지진이 특별한 것도 아니다. 산불 모형의 결과가 아닌 실제 세상의 산불도, 주식시장에서의 주가 폭락도 마찬가지다. 과거 지구에서 여러 번 있었던 생물종의 멸종도 마찬가지의 패턴을 보여준다. 이런 모든 격변 사건들의 공통점이 있다. 시스템의 내부 구성 요소들이 다른 구성 요소들과 긴밀하게 서로 연결되어 있다는 거다. 지각의 작은 부분이든, 주식시장의 개별 주식이든, 혹은 서로 영향을 주고받는 개별 생물종이든, 다 마찬가지다. 구성요소 사이의 강한 연결은 한 요소에서 발생한 사건의 규모를 파급시켜 엄청난 규모의 격변을 만들 수 있다.

예측이 불가능하다고 해서, 대비를 할 수 없는 것은 아니다. 우리나라의 과거 지진 데이터는 명확한 확률적 규칙성을 보여준다. 즉, 개별 지진에 대한 예측은 할 수 없지만, 그래도 확률적인 예측은 할 수 있다는 뜻이다. 우리나라에서 규모가 5보다 작은 지진들을 모아 패턴을 얻고 이렇게 얻어진 패턴이 아직 발생하지 않은 미래의 큰 지진에도 마찬가지로 성립한다고 가정하면, 우리나라에서 규모 7 이상인 지진은 300년에 한 번꼴일 것으로 예측된다. 언제 어디서 규모 7 이상인 지진이 일어날지는 몰라도, 우리나라에서 300년에 한 번꼴로는 이런 지진이 일어날 수 있다는 얘기다. 개별 지진은 예측할 수 없다. 그럼에도 불구하고, 우리는 미래에 다가올 지진을 적절히 대비할 수는 있다. 300년 이상 사용할 건물이라면 적어도 규모 7 이상의 지진에는 견뎌야 한다. 지진은 예측하는 것이 아니라 대비하는 것이다. 예측하진 못해도 대비는 할 수 있다.

문턱값   한옥의 안방에서 문턱을 넘으면 대청마루다. 문의 안팎 두 장소를 구분하는 것이 문턱이다. 냉장고 안 물의 온도가 낮아지면 0도에서 물이 언다. 0도보다 높은 온도에서 물은 액체로 존재하고, 이보다 낮은 온도에서 물은 고체인 얼음이 된다. 이처럼, 어떤 값을 기준으로 상태가 달라질 때, 그 값을 문턱값이라 한다. 물이 얼어 얼음이 되는 현상에서 온도의 문턱값은 0도다.

때맞음

과학에도 때가 있다

우리 모두의 고향 지구는 하루에 한 번 24시간을 주기로 자전한다. 해가 져 밤이 깊어지면 졸음이 와 잠들고, 굳이 알람을 맞춰놓지 않아도 아침이면 자연스레 눈이 떠진다. 우리 인간의 생체 리듬은 지구의 자전과 '때맞음'되어 24시간이 주기다. 동기화라고도 부르는 때맞음은 영어로는 'synchronization'이다. 때 혹은 시간(chrono-)을 같게(syn-) 한다는 뜻이다. 궁금한 것 많은 과학자들이 실험을 했다. 낮인지 밤인지 전혀 알 수 없게 외부의 빛이 차단된 방에서 1주나 2주 정도 살게 하면 이 사람의 생체리듬은 어떻게 될까? 지금이 몇 시인지 모르는 상황에서, 자다가 일어나면 방의 조명을 켜고 생활하고, 잠이 오면 조명을 끄고 잠들도록 한 실험이다. 잠에서 깨 불을 켜는 시간을 계속 기록하다 보면 그 시간이 조금씩 늦어져 결국 평균 25시간이 주기가 된다는 것을 관찰했다. 하루인 24시간에 가깝다는 뜻에서 일주기日週期 리듬이라 부른다. 영어로는 'circadian rhythm'이어서 정확히 하루가 아니라 대략(circa-) 하루 정도의 리듬이라는 뜻이 담겨 있다. 오랜 동안 약 25시간이 사람의 자연스러운 생체주기라고 알려져왔지만, 이런 방식의 실험이 심각한 문제가 있다는 지적이 있었다. 외부로부터 완전히 차단된 방이라도, 잠에서 깨 불을 켜면 밝아진 환경 자체가 사람의 생체주기를 새롭게 초기화하므로 이러한 방법으로는 생체주기를 정확히 측정하기 어렵다는 비판이다. 최근의 더 정교한 실험에서는 사람의 호르몬 농도와 체온 등을 체계적으로 측정함으로써 평균 24시간 11분 정도가 사람의 생체주기임을 밝혔다. 지구의 자전 주기인 24시간과 거의 일치하는 주기다.

오랜 기간 지구에서 살아온, 사람을 포함한 많은 동물 종은 이처럼 지구의 자전주기에 때맞음되어 있다. 밤에 피는 꽃, 정오에 피는 꽃 등 다양한 꽃을 화단에 심고는 어떤 꽃이 피어 있는지를 봐 지금이 몇 시인지 알 수 있지 않을까 하는 재밌는 아이디어를 낸 사람도 있다. 바로 생물 분류학에 큰 기여를 한 스웨

그림1-2_ 린네의 꽃시계

관계의 과학

덴 식물학자 린네Carl von Linné다. 식물도 지구의 자전주기에 때맞음되어 있어 하루를 주기로 일정한 시간에 개화하는 꽃들을 이용해 시간을 알아내자는 제안이었다. 재밌는 아이디어이지만 현실에서 구현하는 것은 어려웠다고 한다. 꽃들의 개화에는 시간뿐 아니라 온도와 습도, 그리고 날씨 등 여러 기상조건이 영향을 미칠 수 있기 때문이다. 지구 자전과 때맞음 생체주기의 분자적 메커니즘을 밝힌 연구가 2017년 노벨 생리의학상을 받기도 했다.

모든 게 다 때가 있다. 때가 되었다고 일이 되는 것은 또 아니다. 다 운때가 맞아야 한다. 열심히 노력했는데 목표를 이루지 못한 친구를 위로할 때 우리가 하는 얘기다. '운때'의 '운'은 좋을 수도 나쁠 수도 있다. 운이 좋았는지 나빴는지는 막상 일이 벌어지고 난 다음에야 말할 수 있어서, 과학자 사회에서 '운'은 일종의 금기어다. 재밌는 실험 결과의 이유로 '운이 좋아서'라고 적은 논문은 단 하나도 없다. 과학은 오늘의 정보로 내일을 얘기하려 하는데, '운'은 거꾸로다. 오늘 운이 좋았는지는, 하루가 지나야 알 수 있다. 마찬가지다. 돼지꿈 꾸었다고 로또 당첨을 바라는 것은 분명 비과학적이다. 하지만 로또 당첨자를 모아 물어보면 운이 좋아 당첨되었다고 대답할 사람이 많다. 즉, 당첨되었으니 운이 좋았다고 생각하는 거지, 운이 좋아서 당첨된 것은 아니다. 이처럼 '운'은 과학자의 눈에 달갑지 않은 단어다. 그런데 말이다, '운때 맞음'에서 '운'을 뺀 '때맞음'은 분명한 과학이다.

남녀가 만났다. 남자는 첫눈에 반했다. 그런데 여자는 아무 관심 없다. 함께 사랑에 빠지려면 때가 맞아야 한다. 다른 동물도 비슷하다. 미국에 사는 매미 중에는 '17년 매미'가 있다. 오랜 기간 땅속에 살다 17년마다 지상에 나와 짝짓기를 한다. 매미 한 마리가 땅속 외로움에 지쳐 1년을 더 못 참고 16년 만에 나오면 짧은 나날을 지내다 홀로 외롭게 생을 마칠 수밖에 없다. 17년이라는 주기로 다른 매미와 때를 맞춘 개체만 자손을 남긴다. 17은 또 소수이기도 하다. 나누어떨어지는 약수가 1과 자기 자신밖에 없다. 이 매미의 번식 주기 17년은, 천적과의 '때맞음'을 피하려는 생존 전략이 진화한 결과다. 천적이 예측할 수 없는 시기에 동시에 여럿이 함께 땅 위로 나오면, 성공적인 짝짓기로 자손을 남길 확률이 커진다.

통계물리학 분야에서도 '때맞음' 연구가 활발하다. 이쪽 연구가 대개 그렇듯, 상호작용하는 많은 구성요소로 이루어진 커다란 시스템의 때맞음 현상이 주된 관심이다. 생물학에서 초파리나 예쁜꼬마선충을 모델model 생명체로 널리 이용하듯이, 이론

물리학에서도 모델을 이용한다. 물론, 이 모델은 살아서 움직이지 못한다. 수식으로만 존재한다. '때맞음'의 모델은 제안자의 이름을 따 '구라모토 모형Kuramoto model'이라 부른다. 때맞음 연구의 초파리라고나 할까. 구성요소가 서로 영향을 주고받지 않으면 '때맞음'이 안 되지만, 점점 상호작용의 세기를 크게 해 어떤 문턱값을 넘어서면, 갑자기 많은 요소들의 '때맞음'이 큰 규모로 일어난다는 것을 이 모형으로 알 수 있다. 즉, 때맞음이 일어나려면 구성요소들 사이에 일정한 크기 이상의 상호작용이 꼭 필요하다.

우리 일상에서도 '때맞음'을 쉽게 볼 수 있다. 여럿이 함께 운동장을 돌며 구보를 한다고 상상해보자. 세상에 똑같은 사람은 없으니, 혼자 달릴 때는 각자 속도가 다 다르다. 여럿이 함께 운동장을 달려도, 다른 사람의 위치와 속도가 아무런 영향을 주지 않는다면, 각자는 제각각 다른 자신만의 속도로 달리기를 하게 된다. 상호작용이 없다면 여럿이 같은 속도로 함께 무리 지어 달릴 이유는 없다. 하지만 사람들이 서로 옆 사람, 앞사람, 눈치를 보며 함께 달리려 노력하면, 모두가 결국은 같은 속도로 나란히 운동장을 돌게 된다. 구라모토 모형의 결과와 같다. 상호작용하니 때맞음이 일어난다. 어렵게 사람을 모아 힘들게 달리기를 부탁하지 않아도, 쉽게 때맞음을 볼 수 있는 다른 방법이 있다. 여럿이 모인 청중에게 박수를 치면서 귀에 들리는 다른 사람의 박수에 맞춰 자신의 박수를 조율해달라고 부탁하면 된다. 청중이 아주 많지 않다면, 그리 길지 않은 시간에 사람들이 짝, 짝, 짝, 박자를 맞춰 함께 때맞음된 박수 소리를 만든다.

회원으로 활동하고 있는 '변화를 꿈꾸는 과학기술인 네트워크Engineers and Scientists for Change, ESC'의 과학문화위원회는 "ESC 어른이 실험실 탐험" 행사를 진행하고 있다. "어른이"는 어른과 어린이, 둘의 조합으로 만든 단어다. 나이에 걸맞지 않게 어린이 같은 과학적 호기심을 여전히 가지고 있는 어른이라는 뜻이다. ESC의 회원 과학자가 실험실 탐험대를 초청해 자신의 연구주제를 알리고, 또 가능하면 간단한 실험도 탐험대원과 직접 함께 해보는 그런 행사다. ESC 어른이 실험실 탐험 행사를 내가 주최했을 때, 박수 소리를 모두 데이터로 모아서 어떻게 박수의 때맞음이 만들어지는지 살펴보았다. 노트북의 터치패드를 누를 때마다 노트북의 스피커로 '삑' 소리가 나고, 그때의 정확한 시간을 모두 데이터로 저장했다. 박수 소리를 '삑' 소리로 바꿨을 뿐, 박수의 때맞음과 같은 실험이다. 각자는 여럿이 내는 '삑' 소리에 맞춰 자신이 내는 '삑' 소리의 간격을 조정한다. 〈그림1-3〉이 바로

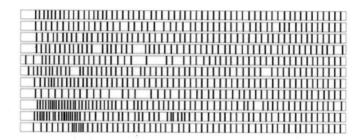

그림1-3_ 노트북의 터치패드를 눌러 '삑' 소리를 낸 순간을 여러 개의 짧은 세로 막대로 표시한 그림. 11명 참가자가 점점 '삑' 소리를 내는 순간을 조율해 때맞음을 만들어내는 것을 볼 수 있다.

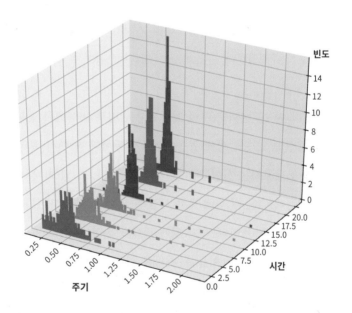

그림1-4_ 시간이 지나면서 사람들이 '삑' 소리를 내는 주기가 어떻게 변하는지를 보여주는 막대그래프. 처음에는 주기가 다양해 넓고 야트막했던 막대그래프가 시간이 지나면서 때맞음이 일어나 점점 좁고 뾰족한 모습으로 변한다.

당시의 실험 데이터를 그린 그림이다. 실험에 참여한 11명 각자의 데이터는 옆으로 긴 사각형 박스에 하나씩 들어 있는데, 터치패드를 누른 순간을 박스 안에 여러 짧은 막대로 표시했다. 왼쪽에서 오른쪽으로 시간이 지날수록 사람들이 '삑' 소리를 내는 것이 점점 때맞음되는 것을 볼 수 있다. 다음에는 또, 각자가 박수를 치는 주기를 구하고, 어떻게 이 주기가 시간이 지나면서 때맞음되는지, 막대그래프로 그려봤다(그림1-4). 옆으로 넓고 야트막했던 막대그래프가 시간이 지나면서 뾰족한 모습으로 바뀌는 것이 보인다. 나중의 뾰족한 봉우리의 위치가 바로 사람들이 때맞음한 주기에 해당한다.

우리 연구실에서도 구라모토 모형을 일부 변형해서 전북대학교 홍현숙 교수와 함께 공동연구를 진행했다. 앞에서 설명한, 운동장을 구보하는 사람들을 다시 떠올려보자. 그 안에 나도 있다고 상상해보자. 내 뒤에 오는 사람은 잘 안 보여도 내 앞을 달리는 사람은 잘 보인다. 눈이 앞에 달렸으니 뒤는 잘 못 봐도 앞은 잘 본다는 단순한 이유다. 따라서 다른 사람과 보조를 맞추려 노력하는 상황에서, 자신의 앞을 달리는 사람에게 더 영향을 크게 받을 것으로 생각할 수 있다. 구라모토 모형의 원래 형태에서는, 어디에서 달리든 각각의 사람이 다른 모든 사람에게서 같은 형태의 영향을 받는다. 앞이냐 뒤냐에 따라 상호작용을 달리한, 조금 변형된 구라모토 모형을 가지고 연구를 진행했다. 연구에서 살펴보고자 한 것은, 상호작용하지 않을 때 각자의 달리기 속도의 평균값과, 상호작용으로 때맞음된 최종 속도의 평균값이 어떤 관계가 있는지다. 간단히 다시 질문을 적으면, "뒤보다 앞을 더 멀리 보면, 전체는 더 빨리 뛰게 될까"다. 사실, 꼭 달리기를 할 필요도 없다. 음악을 함께 연주하는 연주자도 비슷할 수 있다. 자신의 바이올린 소리가 다른 연주자의 박자보다 느려 박자를 빨리하려고 하는 경우, 거꾸로 자신의 박자가 남들보다 빨라 늦추려 할 때와는 상호작용의 형태와 세기가 다를 수 있다(지휘자 없이 연주자가 합주하는 상황에서, 여럿이 함께 연주하면 박자가 빨라지는지 궁금하다. 답을 주실 수 있는 분은 연락주시길).

위에서 '때맞음'은 과학이어도 '운때 맞음'은 아니라 했다. 마무리하는 지금, 다른 생각도 든다. 어쩌면 '운때'의 '운'은 나를 둘러싼 모두가 함께 만들어내는, 마치 때맞음된 박수 같은 것일지도 모르겠다. 최종적으로 하나가 된 박수에 각자는 자신의 박수를 맞춘다고 생각하지만, 사실 전체가 합의한 박자는 우리 모두가 함께 만든 거다. 어쩌면, '운때 맞음'의 '운'은 나를 포함한 동시대를 살아가는 우리 모두가 함께 만들어내는 것인지도 모르겠다. 만약

'운'이 이런 것이라면, '운때 맞음'도 과학이 될 수 있다.

때맞음　　여러 사람에게 소리를 맞춰 박수를 쳐달라고 부탁하면, 오래지 않아
전체가 박자를 맞춰 함께 박수 소리를 만들어낸다. 사람들이 박수를
치는 시간(때)이 맞은 거다. 때맞음 현상을 동기화同期化라고도 한다.
시간을 뜻하는 그리스어 'chronos'의 앞에, 같음을 뜻하는 접두어
'sync'를 붙여 영어로는 'synchronization'이라 부른다. 2017년부
터 아티스틱 스위밍으로 종목 이름이 바뀐 싱크로나이즈드 스위밍
에서도 선수들의 때맞음을 중요하게 평가한다.

상전이

시민 저항운동, 비폭력이 이기는 순간

미국 정치학자 에리카 체노웨스Erica Chenoweth가 마리아 스테판Maria Stephan과 공저한 논문 「시민 저항운동이 성공하는 이유(Why Civil Resistance Works)」에 담긴 얘기를 해보자. 체노웨스는 연구를 시작하기 전에 "힘은 결국 총구에서 나온다"라고 믿었다. 폭압적인 독재 정권이 공권력을 동원해 시민들을 억압할 때, 저항이 폭력적이 되는 것은 당연한 논리적 귀결이라고 생각했다. 체노웨스는 비폭력 저항이 효과적이라고 주장하는 사람들이 현실을 모르는 순진한 사람들이라고 생각했다. 중국의 톈안먼 사태를 떠올려보자. 탱크를 맨몸으로 막아서던 한 사람의 사진이 가장 먼저 떠오른다. 중무장한 탱크에 맞선 사람들이 과연 무얼

할 수 있었을까. 폭력적 시민 저항운동이 더 효과적일 수 있다는 의견에 반대하기는 쉽지 않아 보였다.

비폭력 저항운동의 효율성을 주장하는 사람들과 만난 체노웨스는 폭력성이 저항운동의 성공에 어떤 영향을 미치는지를 본격적으로 연구하기로 결심한다. 폭력적인 저항이 정치권력의 전복에 더 효과적이라는 자신의 처음 가설이 과거의 기록으로부터 확증될 수 있다고 기대하면서 말이다. 1900년부터 2006년 사이에 세계 곳곳에서 벌어진 시민 저항운동 중, 독재정권을 전복시키거나 지역적인 민주화로 이어진 최소한 수천 명이 참여한 수백 건의 사례를 모았다. 저항의 폭력성과 저항운동의 성공 간 관계를 치밀하게 살펴보았다. 결과는 놀라웠다. 비폭력 저항운동이 폭력적인 저항운동에 비해 무려 2배 이상의 성공률을 보였다(참고로, 테러 집단에 의한 저항운동의 성공률은 극히 낮다는 것이 다른 연구에서 이미 밝혀진 바 있다). 구정권이 폭압적인 방식으로 억압하는 사례들로 좁히면, 비폭력 저항운동의 성공률은 무려 6배 이상이었다.

연구에서 얻어진 다른 결과도 못지않게 흥미롭다. 저항운동에 지속적으로 참여한 사람들이 인구의 3.5%가 넘은 '모든' 저항운동은 성공했다는 것이다. 3.5%가 적은 숫자는 아니다. 5,000만 명이 넘는 우리나라라면 거의 200만 명, 미국이라면 무려 1,000만 명이 넘는 숫자다. 흥미로운 점은 더 있다. 3.5%를 넘긴 모든 저항운동은 하나같이 다 비폭력적이었다는 점이다. 즉, 비폭력 저항운동의 성공률이 더 높을 뿐 아니라, 참여자의 숫자도 더 많았다. 비폭력 저항운동의 평균 참여자 수는 폭력적인 저항운동의 무려 4배였다.

비폭력 저항운동에 더 많은 사람이 참여한다는 것은 쉽게 설명할 수 있다. 폭압적인 권력에 대항해, 폭력적인 저항에 적극적으로 참여하는 것은 사실 상당히 위험한 일이다. 체포되어 투옥될 수도, 큰 부상을 입을 수도, 어쩌면 목숨을 걸어야 할 수도 있다. 대다수의 사람들에게는 무척 어려운 일이다. 비폭력적인 수단에 의존하는 저항운동은 다르다. 참여에 대한 진입장벽이 낮고, 방법도 다양해 많은 이가 함께할 수 있다. 시위 때 시간을 맞춰 자동차의 경적을 울리거나, 집의 불을 일시에 잠깐 끄는 것만으로도 함께할 수 있다. 비폭력 저항의 이러한 개방성으로 말미암아, 특정 집단이 아닌 시민 다수를 치우침 없이 대변할 가능성도 훨씬 높다. 비폭력 저항을 기존의 정부가 폭력적으로 진압하면, 많은 경우 저항운동 쪽이 이후 사건의 전개에서 더 많은 지지층을 획득하게 된다. 특히, 폭력적인 진압에 비폭력적인 방식으로 대항할 때 더욱 그렇다. 즉, 구정권의 폭력적 진압으로 비폭력 저항운동의 성공 가능성은 오히려 커진다. 또한, 이러한 과정을 거치면서 구정권의 유지를 돕는 역할을 했던 공권력의 충성도는 줄어들게 된다는 것도 중요하다. 체노웨스가 전한, 밀로셰비치의 하야를 요구하는 세르비아의 평화적인 시위대에 총을 겨눈 경찰의 말이다. "내 아이가 저 시위대에 있을지 모르는데 방아쇠를 당길 수는 없었어요." 이 정도로 상황이 진전되면, 친정부 쪽 사람들의 이탈은 이어지고, 이로 인해 비폭력 저항운동은 더 큰 힘을 갖게 된다. 낮아진 운동참여의 진입장벽은 더 많은 참여자를 만들고, 이렇게 늘어난 참여자 수는 진입장벽을 더욱 낮춘다. 연구에서 얻어진 다른 결과도 있다. 저항의 성공 후 민주적인 정부가 출현할 가능성도, 비폭력적인 저항일 때가 폭력적인 저항일 때보다 훨씬 더 컸다고 체노웨스는 전한다.

소개할 논문이 하나 더 있다. 체노웨스의 연구와 직접적인 관련은 별로 없어 보이는 물리학 분야의 연구다. 세스 마블 Seth A. Marvel, 스티븐 스트로가츠Steven H. Strogatz 등의 과학자가 함께 쓴 「중도의 중요성: 이데올로기 갈등의 단순한 모델로 본 단서(Encouraging Moderation: Clues from a Simple Model of Ideological

Conflict)」라는 제목의 논문이다. 전북대학교 물리학과의 홍현숙 교수도 논문의 공저자다. A라는 의견과 B라는 의견이 공존할 수 있는 가상 사회에 대한 모형 연구다. 의견 A를 가진 사람이 B를 만나면 기존의 신념에 대한 확신이 약해지는 상태가 된다(이 상태를 논문에서는 AB라고 불렀다. B도 마찬가지여서 A를 만나면 AB 상태가 된다). AB 상태인 사람이 B를 만나면 B의 의견을 가지게 되지만 A를 만나면 A의 의견을 가지게 된다고 논문에서는 가정했다. 여기에 흥미로운 요소를 하나 더 넣었다. 즉, 항상 A를 고수하는 강한 신념을 가진 사람들이 있다고 가정한 거다(이들을 Ac라고 불렀다).

이쯤에서 이 물리학 논문을 저항운동에 대한 체노웨스의 연구와 비교해보자. B는 구정권을 옹호하는 사람들로, Ac는 강한 신념을 가지고 저항운동에 참여하는 사람으로 생각할 수 있다. B의 의견이 대부분인 상태에서 출발한 가상 사회가 최종적으로 모두 A의 의견을 갖는 상황으로 수렴하려면 Ac는 도대체 몇 % 이상이 되어야 할까? 모형의 해석적인 결과에 따르면 Ac가 13.4%가 되기 전에는 B가 다수지만 13.4%를 넘는 순간 급격한 변화가 일어나 결국 B 의견을 가진 사람은 아무도 없는 상태로 수렴하게 된다. 이를 통계물리학에서는 상전이라 부른다. 현실과 다른 간단한 모형이긴 하지만 체노웨스 연구의 3.5%에 해당하는 숫자가 바로 이 물리학 논문의 13.4%라 할 수 있다. 두 숫자의 크기를 직접 비교하는 것은 무리지만, 이 물리학 논문에서도 체노웨스의 연구와 비슷한 정성적인 결과를 얻었다는 점이 흥미롭다. 즉, 딱 13.4%의 사람이 굳건한 신념을 가지고 노력하면 사회 전체를 변하게 할 수 있다(논문을 읽고는 폭력/비폭력의 요소를 모형에 추가해보면 재밌겠다는 생각이 들었다. 어떻게 할지는 아직 모르겠다. 관심 있는 분은 연락주시라).

체노웨스의 연구에 견주어 살펴보면 2016년 촛불혁명의 성공에 대한 통찰을 얻을 수도 있다. 축제처럼 진행되어 사람들이 즐겁게 참여하도록 한 시위 방식도 좋았고, 시위에 폭력성이 없으니 공권력도 폭력적일 이유가 없었고, 경찰이 폭력적이지 않은데 굳이 폭력적인 방식으로 시위를 할 필요도 없었다. 시위에 참여한 일부 소수가 폭력적인 성향을 보이려 할 때마다 다수의 참여자가 이를 저지하는 일도 있었다. 경찰 버스에 붙은 전단지를 떼어주고, 거리의 쓰레기를 치우는 등 성숙한 시민의식을 보여주었다. 촛불혁명의 진행 과정을 소수의 명망가가 주도하지 않은 것도 다양한 배경의 사람들이 함께할 수 있는 발판이 되었다. 촛불의 과정에서 많은 사람들이 직접 겪어 깨닫게 된 점이 있다. 변화는 소수의 훌륭한 지도자가 만드는 것이 아니라, 참여하는 많은 사람들이 함께 만드는 것이라는 점이다. 난, 2016년의 촛불이 광화문 광장만을 밝힌 것은 아니라고 믿는다. 우리의 미래도 함께 밝게 만들었다. 촛불을 함께 든 사람들의 성공의 경험은 쉽게 잊히지 않는다. 우리나라의 민주주의가 다시 또 위협받는 날, 우린 다시 또 즐겁게 두려움 없이 촛불을 들게 될 것이 분명하다. 민주주의라는 나무는 피를 먹고는 잘 자랄 수 없다. 민주주의라는 나무가 울창한 숲을 이루려면, 평화적인 다수의 따뜻한 보살핌이 더 소중한 것이 아닐까.

상전이   얼음은 온도를 올리면 녹아서 물이 된다. 물리학에서는 얼음, 물, 수증기 같은 물질의 거시적인 상태를 상phase, 물질의 상이 변하는 것을 상전이phase transition라고 한다. 낮은 온도에서 고체상에 있던 얼음은 온도가 올라가면 액체상인 물이 되고 온도가 계속 올라 끓는점을 넘으면 기체상인 수증기가 된다. 고체-액체, 그리고 액체-기체 사이에 두 번의 상전이가 일어난다.

귀가 얇은 지도자를 선택하면 생기는 좋은 일

"진리를 위해 죽을 수 있는 사람을 경계하라." 움베르토 에코Umberto Eco의 소설 『장미의 이름』에 나오는 말이다. 자신이 옳다고 확신해 목숨도 걸 수 있는 사람을 조심하라는 의미일 것이다. 자기 혼자만의 진리를 위해 극단의 선택까지 고려하는 사람에게, 그에게 동의하지 않는 모든 사람들은 그저 설득의 대상일 뿐이다. 스스로의 생각을 바꿀 가능성은 인정하지 않는 태도다. 민주주의의 작동 방식은 달라야 한다. 확신의 정도가 주장의 참을 보장할 수 없다는 열린 성찰과 회의의 자세가 민주적인 토론의 근간이 되어야 한다.

'까라면 깐다.' 윗사람이 시키면 군말 없이 시키는 대로 한다
는 뜻이다. 언제나 나쁜 의미인 것은 아니다. 시대를 앞선 훌륭
한 현인이 한 조직을 이끌어가는 지도자인 경우에 평범한 사람
들 모두는 자신보다 높은 위치에 있는 사람의 말을 무조건 따르
는 것이 더 좋다. '까라면 깐다'가 좋은 다른 경우도 있다. 전투
현장에서 그렇다. 사병보다 전투 경험이 많은 직속상관의 명령
은 일단 재빨리 따르는 것이 더 낫다. 적군의 급습에 대한 가장
좋은 대응책을 얻기 위해 부대원 모두가 둘러앉아 1박 2일 토론
할, 시간은 없다. 하지만 결정해야 할 내용이 정말로 중요한 사안
이며, 토론을 위해 충분한 시간이 허락된 경우에 '까라면 깐다'
는 한 집단이 올바르고 현명한 해결책을 찾는 방법이 결코 될 수
없다. 한 사람, 한 사람의 능력은 크게 보면 비슷비슷하다. 사람
들의 타고난 능력을 정량화해서 확률분포를 구하면 아마도 정규
분포가 될 것임에 분명하다. 정규분포는 평균에 가까운 중간 정
도의 능력을 가진 사람이 많고, 능력이 아주 우수하거나 아주 뒤
떨어지는 사람은 적은, 종 모양의 분포다. 아무리 훌륭한 지도자
라 해도, 구성원들이 함께 참여하는 합리적인 토론의 과정을 거
쳐 얻을 수 있는 것보다 더 좋은 해결책을 나홀로 생각해내기는
거의 불가능에 가깝다.

살다 보면 크든 작든 자신이 속한 사회 안에서 우리는 많은 양자택일의 상황을 만난다. 같은 회사의 직원들끼리 점심을 먹으러 갈 때 짜장면을 먹으러 중국집에 갈지, 된장찌개를 먹으러 한식집에 갈지 결정하는 상황에서, 뭐라도 즐겁게 함께 먹으려면 모든 사람들이 합의에 이르러야 한다. 두 가지 선택이 가능한 이런 상황에서 사람들이 어떻게 합의에 도달하는지는 흥미로운 주제다. 통계물리학자들도 예외는 아니어서, '투표자 모형voter model'이라는 단순화된 모형에 대한 연구들이 활발히 진행되고 있다. 된장찌개와 짜장면, 각각을 선호하는 의견을 각각 A와 B라 부르고, 사람들 각자는 의견 A, B 중 하나를 가지고 있다고 하자. 편의상, 투표자 모형의 투표자들은 변덕이 죽 끓듯 하는 사람들로 가정한다. 한 사람이 다른 사람을 만나 의견을 묻고는 상대방의 의견을 무조건 받아들이는 것으로 가정한다는 뜻이다. 처음에는 서로 다른 의견 A, B를 가진 사람들이 마구잡이로 섞여 있는 상황에서 어떻게 전체 집단이 둘 중 하나로 의견합일consensus에 이르게 되는지가 주된 연구 주제다.

이처럼, 많이 쓰이는 투표자 모형에서는 딱 두 가지의 의견만 있다고 가정한다. 과속 범칙금을 올리자는 의견을 +1이라 부르고, 그대로 유지하자는 의견을 −1이라 부르는 식이다. +1의 의견을 가진 사람이 자신과 사회연결망을 통해 연결되어 있는 친구를 만났다고 가정해보자. 친구도 마찬가지로 +1로 같은 의견을 가지고 있다면, 둘의 의견은 바뀔 리 없다. 그런데 만약 +1의 의견을 가진 사람이 -1의 의견을 가진 친구와 만나면 어떻게 될까? 투표자 모형에서의 가상의 사람은 극단적으로 귀가 얇다고 가정한다. 즉, -1의 의견을 가진 친구를 만나면 자기의 의견을 +1에서 -1로 순식간에 바꾼다는 가정이다. 복잡한 현실을 조금이라도 이해하려면 단순화의 과정을 거쳐 현실을 '어림 approximate'하는 것이 꼭 필요하다. 이 설명이 투표자 모형의 전부다. 정말 간단하지 않은가. 정리해보자. 1)사회연결망의 구조를 구현한다. 이 가상 사회의 구성원 각자는 처음에는 +1, -1의 의견 중 하나를 마구잡이로 가지고 있다고 가정한다. 2)이 가상 사회에서 한 사람을 마구잡이로 택한다. 3)이 사람의 친구 중 하나를 또 마구잡이로 택하고 이 친구가 어떤 의견인지 알아본다. 4)줏대 없이 친구의 의견으로 확 바꾼다. 5)이 과정 2)~4)를 여러 번 반복하면서, 사람들이 어떻게 하나의 의견으로 합의해가는지를 살핀다.

시간이 지나면서 투표자 모형의 가상 인물들은 각각 주변 사람과 소통하며 계속해 의견을 바꾸어가게 된다. 이처럼 의견을 소통하는 과정은 도대체 언제 끝날까? 당연하게도 모든 사람이 똑같은 의견을 가지게 될 때 끝이 난다. 나를 포함한 모두가 +1이라는 의견을 가진다면, 나와 의견이 다른 친구는 단 한 명도 없으니, 누구를 만나더라도 내 의견이 바뀔 리 없다. 모두가 −1의 의견을 가져도 마찬가지 상황이다. 전체가 하나의 의견을 똑같이 갖는 상태가 되면 더 이상의 변화는 일어나지 않는다. 이런 상태를 '흡수상태absorbing state'라 부른다. 일단 빨려 들어가면, 헤어나지 못하고 영원히 그 상태에 머문다. 투표자 모형의 블랙홀이랄까. 투표자 모형의 연구에서는 사람들의 의견이 마구잡이로 뒤죽박죽 +1, −1로 뒤섞인 상황에서 출발해 어떻게 모두가 하나의 의견을 가진 흡수상태에 도달하는지를 살피는 것이 주된 주제다.

시간에 따라 계속 사람들의 의견이 변해가는 투표자 모형에서 현재 상황이 최종적인 흡수상태에서 얼마나 멀리 떨어져 있는지를 정량적으로 측정하기도 한다. 전체가 흡수상태에 있다면, 연결망의 어떤 링크를 택하더라도 이 링크에 의해 양쪽으로 연결된 두 사람의 의견은 똑같음을 이용한 것이다. 링크는 연결망에서 두 노드를 연결하는 연결선을 의미한다. 링크의 양쪽에 있는 두 사람이 같은 의견을 가지면 이 링크를 비활성링크inactive link, 의견이 다르면 활성링크active link라고 부른다. 처음에는 활성 링크가 많다가 시간이 지나면서 점점 그 수가 줄어든다. 즉, 활성링크가 전체 연결망 안에 얼마나 많이 있는지를 세면, 이로부터 최종 흡수상태에서 얼마나 멀리 떨어져 있는지를 알 수 있다. 처음 상태에서는 0에서 뚝 떨어진 큰 값으로 출발한 활성링크의 밀도가 시간이 지나면서 점점 그 값이 줄어든다. 결국 활성링크는 하나도 없어 그 밀도가 0의 값을 갖는 흡수상태에 도달하게 된다. 바로 모든 이가 100% 하나의 의견으로 합의한 상태다.

투표자 모형에 대한 대부분의 연구에서는 양자택일 상황의 두 의견 사이에 좋고 나쁨의 우열이 전혀 없는 상황을 상정한다. 필자의 연구 그룹에서 진행했던 연구에서는 이와 달리, 둘 중 하나의 의견이 약간 좋은 의견이라고 가정했다. 즉, 짜장면의 의견을 가진 사람이 된장찌개의 의견을 가진 사람과 만나면 100%의 확률로 설득되어서 된장찌개로 마음을 바꾸지만, 거꾸로 된장찌개의 의견을 가진 사람이 짜장면을 좋아하는 사람과 만나면 100%보다 약간 낮은 확률로 짜장면으로 의견을 바꾸게 된다고 가정했다. 사람들이 서로서로 만나 활발하게 토론을 하다 보면, 정말로 그날 짜장면보다 된장찌개가 더 나은 선택이라고 의견의 일치에 이를 만한 어떤 객관적인 이유가 약하지만 조금은 있는 상황을 떠올려보면 되겠다. 이처럼 된장찌개가 짜장면보다 선택될 확률이 조금 더 높은 정도를 e라는 변수로 기술했다. 즉, $e=0$이면 된장찌개와 짜장면이 정확히 동등한 경우고, $e=1.0$이 되면 사람들의 선호가 짜장면에서 된장찌개로는 바뀌지만, 거꾸로 된장찌개에서 짜장면으로는 절대로 바뀌지 않는, 누가 봐도 객관적으로 된장찌개가 확실히 더 좋은 경우로 생각하면 된다.

자, 이제 이렇게 된장찌개와 짜장면의 두 선호를 가진 한 집단 내의 구성원들이 서로 둘씩 만나 대화 상대방의 의견을 귀담아 듣는 의견 교환의 과정을 시작했다고 하자. 연구에서는 먼저 철저한 계층구조를 가정해보았다(그림1-5). 예를 들어, 회장 아래에는 3명의 사장이 있고, 각 사장 아래에는 3명의 부장이, 부장 아래 3명 과장, 과장 아래 3명의 사원이 있는 구조를 상상해보면 된다. 이 경우 계층의 수 L은 회장-사장-부장-과장-사원으로 이어지니 $L=5$이고, 이 집단의 크기 N은 회장 1명, 사장 3명, 부장 9명, 과장 27명, 사원 81명으로 모두 $N=121$이 된다. 엄격한 계층구조는 위에서 시키는 대로 하는, 상명하복의 구조를 의미한다. 사장은 부장 얘기는 안 듣고 회장 말만 따르고, 과장은 바로 위 부장의 말은 따르지만 자기의 직속상관이 아닌 다른 부서 부장의 말은 거들떠도 보지 않는다. 자신과 함께 일하는 아래

　　　　　　　　　　　　　　　관계의 과학

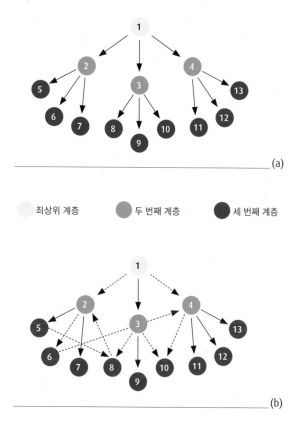

(a)

최상위 계층   두 번째 계층   세 번째 계층

(b)

그림1-5_ (a) '까라면 까'의 계층구조($p=0$). (b) 계층구조에 더해 의견 교환이 가능한 다양한 소통 채널이 함께 있는 구조($p=0.5$).

의 사원들 이야기도 전혀 듣지 않는 그런 구조다. 조금만 생각해 보면 이러한 완벽한 상명하복의 계층구조에서는 사람들이 자신의 바로 위 직속상관의 말만 따르게 된다는 것을 쉽게 알 수 있다. 회장 한 명만 짜장면을 먹고 싶고, 사장을 포함한 다른 모든 사람들은 된장찌개를 먹고 싶어 한다고 해도, 아주 빠른 시간 안에 사람들 모두는 회장이 좋아하는 짜장면으로 의견일치에 이르게 될 것이 명약관화다. 어느 누구도 오늘은 된장찌개가 더 좋다고 회장을 설득할 수 없는 반면, 회장은 사장을, 사장은 부장을, 부장은 과장을, 또 과장은 사원을 위에서부터 차례차례로 설득할 수 있기 때문이다.

물리학자들은 이렇게 당연한 얘기도 일단 모형을 이용해 정량적으로 검증해보는 것을 더 좋아한다. 또, 컴퓨터 프로그램을 이용해 모형을 구현할 때는 다양한 경우로 일반화하기 쉬운 꼴이 되도록 노력한다. 필자와 공동연구원들은, 상명하복의 계층구조 위에 더해 서로 다른 계층을 넘나드는 다양한 의사소통의 통로가 추가로 있는 경우를 생각해서 얼마나 다양한 경로의 의견 소통이 가능한지를 p라는 변수로 조절하게 했다(그림1-6). 즉, $p=0$인 경우가 원래의 완벽한 '까라면 까'의 구조, 그리고 p가 점점 커지면 이제 상관도 아랫사람의 말을 듣고, 또 다른 부서의 사람들끼리도 위아래로 자유롭게 의견을 교환하는 의사소통의 통로가 더 많아지게 된다.

'까라면 까'의 상명하복의 구조가 좋을 때는 어떤 경우일까? 만약 계층구조의 최상에 위치하는 회장이 오늘은 된장찌개가 정말로 더 좋다는 올바른 정보를 이미 알고 있었다면, 사람들은 피곤한 토론의 과정을 거치지 않고도 아주 빨리 사이좋게 그날의 나은 선택인 된장찌개를 먹으러 함께 사무실에서 일어설 수 있다. 즉, 맨 위의 최상위 계층에 있는 사람이 원래부터 올바른 의견을 가지고 있는 경우에는, 상명하복의 구조가 도움이 될 수 있다. 이 경우 의견의 일치에 도달하는 데에는 상당히 짧은 시간이 걸린다. 그 이유도 어렵지 않게 생각해볼 수 있다. 회장이 사장 세 명을 설득하고, 사장 세 명이 각각 자신의 아랫사람인 부장을 설득하고, 부장은 이어서 과장을, 그리고 과장은 사원을 설득하는 과정을 생각하자. 각자는 자신의 하위 계층에 있는 사람 딱 세 명만 설득하면 되니, 계층의 수인 $L=5$보다 한 단계 적은 4단계면 모든 사람들이 회장의 의견을 전달받게 된다(수학적으로 표현하면 모든 사람의 설득에 필요한 논의의 단계 수는 전체 구성원 숫자의 로그함수 꼴을 따른다).

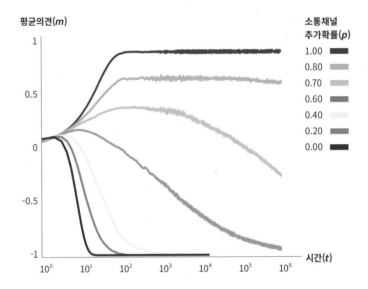

평균의견(*m*)

소통채널
추가확률(*p*)

1.00
0.80
0.70
0.60
0.40
0.20
0.00

시간(*t*)

그림1-6_ 된장찌개가 짜장면보다 더 나은 경우(*e*=0.2) 시간 *t*가 지나면서 사람들이 의견일치에 이르는 과정을 보여준다. 된장찌개를 좋아하는 의견을 +1, 짜장면을 좋아하는 의견을 -1로 하고는 사람들 전체의 의견의 평균값 *m*을 구했다. 사람들 사이의 소통이 점점 더 활발해지면(즉, *p*가 점점 더 커지면), 대다수의 사람들이 둘 중 나은 선택인 된장찌개를 택한다는 것을(즉, *m*이 점점 1에 가까운 값을 갖게 된다) 보여준다. 완벽한 '까라면 까'의 구조(*p*=0)에서는 사람들은 아주 빨리 합의에 이른다. 단, 된장찌개(+1)가 아닌 짜장면(-1)에.

관계의 과학

상명하복의 구조가 그럼 어떨 때 문제가 되는지도 쉽게 생각해볼 수 있다. 최상위 계층에 있는 회장이 올바른 선택을 잘못 알고 있을 때다. 극단적인 상명하복의 구조에서는 딱 회장 한 명만 짜장면을 먹고 싶고, 다른 모든 사람들은 된장찌개를 먹고 싶은 경우, 그리고 또 사실 된장찌개가 더 나은 선택인 경우라도 (즉, $e > 0$) 결국은 회사 전체의 사람들이 빠른 시간 안에 짜장면을 먹는 쪽으로 합의하게 된다. 짜장면과 된장찌개 중 더 나은 선택인 된장찌개를 눈앞에 두고도, 둘 중 좋지 않은 선택인 짜장면에 합의하게 되는 이런 문제를 극복하려면 어떻게 해야 할까?

연구에 사용된 모형에서 p가 충분히 커서 많은 사람들이 계층을 넘나들고 가로지르며 서로 활발한 의견 교환을 할 수 있게 되면 최상위 계층의 회장이 짜장면을 먹고 싶어 해도 결국 사람들 다수는 된장찌개를 선택하게 된다. 사람들은 서로서로 설득의 과정을 거쳐 어떨 때는 짜장면, 어떨 때는 된장찌개로 수시로 마음을 바꾸다가 결국은 올바른 해결책을 찾아가게 된다는 뜻이다. 알고 보면 답은 우리 모두 이미 알고 있다. 모든 사람들이 열린 마음을 가지고 많은 사람들과 만나 얘기하면 결국은 올바른 의견을 찾아가게 되어 있다. 이러한 민주적인 의견 합일의 과정은 사실 어두운 면도 있다. 바로, 의견의 일치에 이르기까지 오랜 시간이 걸린다는 거다. '빨리빨리'의 효율성은 민주적인 토론을 통한 올바른 선택과는 함께하기 어렵다는 말이다.

지도자가 아무리 짜장면을 좋아하더라도, 그리고 된장찌개보다 짜장면이 더 좋다고 정말로 확신하더라도 일단은 많은 사람의 의견을 구할 일이다. 다른 사람들에게 물어보니 90%가 된장찌개가 더 좋다고 하는 경우, 내가 믿는 짜장면이 틀릴 수도 있다고 생각하는 지도자라면, 사회 전체가 올바른 의견 합일에 이르는 지난한 과정을 효율적으로 줄일 수도 있다. 자신의 말만이 옳다고 생각하는 사람이 계층구조를 따르는 조직의 최상층에서 다른 사람들의 말에 귀 기울이지 않는다면, 그 사회는 올바른 해결책을 찾기 어렵다. 필자는 지도자가 귀가 얇았으면 좋겠다.

링크　　　많은 점들이 선으로 서로 연결되어 있는 구조가 네트워크다. 네트워크를 구성하는 점들을 노드, 선들을 링크라고 부른다. 이산수학의 한 분야인 그래프 이론에서는 네트워크를 그래프, 노드를 버텍스 vertex(꼭짓점), 링크를 에지edge라고도 한다. 사람들로 이루어진 네트워크인 사회연결망에서, 노드는 연결망의 사람들, 링크는 두 사람들 사이에 존재하는 관계를 뜻한다.

누적확률분포

부의 치우침을 줄일 수 있을까

재벌총수라도 월급을 받지 않으면 근로소득 기준 최하위 극빈자로 통계에 잡힌다. 심상정 의원실이 근로소득, 배당소득의 천 분위 자료를 언론에 공개했다. 근로소득이 일하고 받은 연봉이라면, 배당소득은 주식의 형태로 축적한 재산에 비례한다. 둘 모두 경제 불평등의 정도를 볼 수 있는 자료지만, 그 성격이 다르다. 경제 불평등을 살펴보려면 근로소득보다 배당소득이 더 낫다고 내가 판단하는 이유다. 근로소득 상위 10%가 차지한 비중은 2013년부터 2016년까지 약 32% 정도로 큰 변화는 없었다. 한편, 2016년 배당소득은 상위 10%가 약 94%를 차지했다. 우리나라에서는 근로소득의 불평등보다 부의 불평등이 훨씬 더 심하다.

나와 같은 물리학자들은, 숫자 대신 그래프로 정보를 시각화하는 것을 좋아한다. 2016년 배당소득의 누적확률분포를 그린 〈그림1-7〉을 보자. 그래프 보는 방법은 어렵지 않다. 예를 들어, 가로축에서 배당소득액 100만 원을 택하고 그에 해당하는 세로축의 값을 읽으면 10%다. 배당소득이 100만 원이 넘는 사람이 전체의 10%라는 뜻이다. 주의할 점이 있다. 여기서 10%는 전 인구의 10%가 아닌 배당소득이 한 푼이라도 있는 사람 전체의 10%라는 의미다. 우리나라에는 배당소득이 단 1원도 없는 사람이 훨씬 더 많다. 혹시, "두터운 꼬리"라는 얘기를 들어보았는지. 확률분포의 오른쪽 꼬리 부분이 두터워 천천히 줄어드는 모양을 이야기한다. 바로 〈그림1-7〉처럼 거듭제곱함수의 꼴($y=Cx^{-a}$, $a=0.9$)로 줄어드는 확률분포다. 꼬리가 두터운 〈그림1-7〉을 보자. 배당소득이 1만 원인 사람은 많다. 이보다 10배, 100배인 사람도 상당수 있고, 1,000배, 1만 배, 심지어 10만 배인 사람도 있다. 꼬리가 두터운 분포에서 흔히 관찰되는 특성이다. 종 모양 정규분포를 따르는 사람의 키는 다르다. 꼭대기에서 오른쪽으로 멀어지면 급격히 높이가 줄어드는, 즉 꼬리가 가는 분포다. 내 키의 10배는 고사하고 2배인 사람도 인류역사상 단 한 명도 없었다. 이처럼 꼬리가 두터운 분포는 꼬리가 가는 분포와 확연히 다르다. 꼬리가 두터운 모든 분포는 정도가 다르지만 하나같이 불

관계의 과학

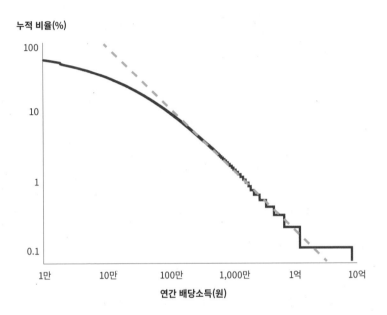

그림1-7_ 2016년 우리나라의 배당소득의 누적확률분포. 꼬리 부분이 직선 모양을 따라 전형적인 두터운 꼬리를 보여준다. 배당소득이 1억 원이 넘는 사람은 0.1% 정도, 100만 원이 넘는 사람은 10% 정도다. 지니계수는 0.96이다.

평등한 분포다. 불평등의 정도를 재는 다른 방법인 지니계수도 계산해봤다. 근로소득은 0.47, 배당소득은 0.96이다. 완벽하게 불평등해서 딱 한 사람이 모든 것을 독점하는 극단적인 경우의 지니계수가 1이다. 우리나라의 배당소득은 더 이상의 편중이 불가능할 정도의 불평등을 보여준다.

경제적 불평등은 어제오늘의 일이 아니다. 기원전 6500년 이집트뿐 아니라, 현재 관광지로 유명한 폼페이도 불평등했다. 폼페이의 지니계수는 약 0.55였다. 오랜 옛날의 부의 분포를 어떻게 측정할 수 있을까? 재밌는 방법이 있다. 바로, 유적지의 집터 면적을 재는 거다. 집터가 모두 비슷해 고만고만한 지역은 불평등도가 낮았고, 아주 큰 집부터 작은 집까지 골고루 발견되는 지역은 불평등이 심했다고 추정할 수 있다. 연구에 따르면 부의 불평등은 농작물과 가축으로 대표되는 농업혁명과 함께 유라시아 구대륙에서 탄생했다. 경제적 불평등의 역사는 1만 년이 넘었다는 뜻이다. 이런 연구를 오해하는 사람들이 있다. 경제적 불평등이 역사상 단 한 번도 없어지지 않았으니, 줄이는 노력이 불필요하다는 결론을 내리는 사람들이다. 이건 마치, 모든 물체가 지구 중심을 향해 떨어지니, 모든 사람은 중력을 거스르려는 노력을 하지 말라는 얘기와 닮았다. 중력을 알아야 중력을 극복해 달에 갈 수 있듯이, 경제적 불평등의 이해는 불평등을 줄이려는 노력의 출발점이다.

단순한 컴퓨터 모형으로 살펴봤다. 모형은 다음과 같다. 10만 명으로 구성된 집단에서 각 개인은 1이라는 초기 자본을 가지고 사업을 시작한다. 편의상, 사업 성공 확률은 누구나 똑같이 50%라고 가정했고, 성공한 사람은 자본이 2배가 되고, 실패한 사람은 절반으로 줄어든다. 매년 진행하다가 가진 돈이 0.1보다 적어지면 이를 일종의 최저생계비로 간주해, 이 사람은 더 이상 사업을 하지 못한다고 가정했다. 현실이 이렇게 단순할 리는 없다. 하지만 복잡한 현실을 단순화하면, 부의 불평등이 만들어지는 메커니즘을 직관적으로 쉽게 이해하는 데 도움이 될 수 있다. 아니나 다를까, 45년 동안 위의 과정을 반복해 결과를 얻어보니, 꼬리가 두터운 꼴의 부의 분포함수를 얻었다. 부의 불평등은 이처럼 자연스럽게 등장한다. 누구나 똑같은 재주를 가지고 있더라도, 누군가는 부자가 되고 누군가는 가난해질 수 있다는 결론이다. 현실도 마찬가지가 아닐까? 실패했다고 해서, 그 사람의 능력이나 노력이 부족하다고 결론내릴 수는 없다.

다른 계산도 해봤다. 50%의 확률로 성공한 사람의 소득 중

p%를 소득세로 거두어 자본이 0.1보다 적은 모두에게 똑같은 액수를 나눠주는 방식이다. 이들은 이후에 다시 사업의 기회를 가질 수 있게 된다. 일종의 기본소득 개념이다. 누구에게나 일정액 이상의 기본소득을 보장하면, 돈을 모아 사업을 시작할 수도, 양질의 교육을 받아 재취업의 기회를 가질 수도 있다. 〈그림1-8〉은 이 간단한 모형을 통해 살펴본 소득세와 기본소득의 효과를 보여준다. 모형에서 상위 1%의 사람들이 가진 부의 비율은 소득세율이 p=3%, 10%, 20%로 늘어나면 86%, 74%, 50%로 줄어든다. 소득세는 중산층을 두텁게 해 불평등을 완화하는 경향이 있다. 모형에 소득세가 아닌 재산세도 넣어봤다. 세금을 매년 소득에 부과하는 것이 아니라, 각자가 가진 축적된 재산에 비례하게 하는 방식이다. 재산세율 q를 늘려가면서 모형에서 얻은 부의 분포를 〈그림1-9〉에 그렸다. 두터운 꼬리를 가져 부의 불평등은 여전하지만, 그 정도는 점점 줄어든다. 상위 1%가 가진 재산의 비중은 재산세율 q를 1%, 3%, 5%로 늘리면, 89%, 68%, 60%로 줄어든다.

소득세든 재산세든, 거두어진 세금을 자본이 적어 경제활동을 하지 못하고 있는 사람들에게 고르게 배분하면, 이들이 다시 경제활동에 참가할 수 있게 되고, 따라서 사회전체의 부의 불평

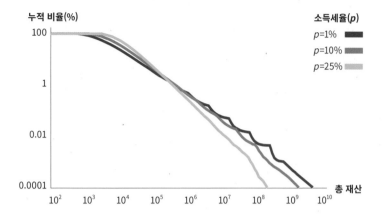

그림1-8_ 간단한 모형으로 살펴본 부의 누적확률분포. 누구나 능력이 같아도 부의 편중은 자연스럽게 출현할 수 있다. 소득세율 p가 늘어나면 부의 불평등은 줄어든다.

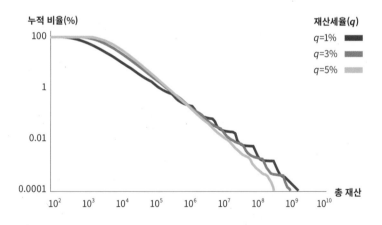

그림1-9_ 재산세율 q가 늘어나면 부의 불평등은 줄어든다.

등도가 줄어든다는 결과다. 한편, 사회전체의 부는 세율에 따라 크게 달라지지 않는다는 결과도 얻을 수 있었다. 결과를 얻은 모형은 단순한 모형일 뿐이다. 간단한 모형으로 얻은 결과를 실제로 세상에 단순하게 적용할 수는 절대로 없다. 하지만 모형에서 얻어진 정성적인 결론의 일부는 우리 사회 현실의 이해에 시사하는 바가 있기를 바란다.

부의 편중에 대한 이야기를 해봤다. 간단한 모형으로 얻은 결과를 정리해보자. 가진 능력이 모두 고만고만하더라도 누군가는 부자가 되고 대부분의 다수는 그렇지 못해 부의 불평등은 자연스럽게 출현한다. 부의 편중을 없애기는 어려워도 그 정도를 줄일 수 있는 방법이 있다. 바로 소득세와 재산세를 적절히 부과하고 기본소득을 주는 거다. 적절한 세율과 기본소득은 중산층을 늘리고 사회의 불평등을 줄인다.

누적확률분포 예를 들어, 키가 140~150cm인 사람의 수, 150~160cm인 사람의 수와 같은 데이터를 모두 모으면 가로축에는 키를, 세로축에는 키가 주어진 구간 안에 들어 있는 사람의 수를 표시해 막대그래프를 그릴 수 있다. 확률분포probability distribution는 구간의 크기가 0으로 줄어드는 극한에서 정의된다. 키가 x~$x+dx$

인 사람의 수가 전체에서 차지하는 비율을 구하고, 이 값을 dx로 나누면 확률분포함수 $P(x)$를 얻는다. 즉, $P(x)dx$는 키가 x~$x+dx$인 사람의 비율이다. 누적확률분포cumulative probability distribution $P_{cum}(x)$는 확률분포의 적분 꼴로 주어져서 $P_{cum}(x)=$ $\int^x P(x')dx'$로 적힌다. 예를 들어, $P(x)$가 키의 확률분포함수라면 $P_{cum}(x=180)$은 전체 중 키가 180cm보다 작은 사람의 비율에 해당한다.

관계의 과학

춤추며 생각 바꾸기,
얼마든지 가능한 일

꿀벌 집단은 규모가 커지면 일부가 새로운 거처를 찾아 옮겨 간다. 새로운 이주지를 결정할 때 꿀벌들은 놀라운 방법을 이용한다고 알려져 있다. 사방으로 흩어져 각자 이주 후보지를 물색하고는 현재의 거주지로 돌아와 다른 친구 꿀벌들에게 자기가 본 것을 춤으로 알린다. 가본 곳이 얼마나 먼지, 어느 방향으로 가면 있는지, 그리고 그곳을 자기가 얼마나 마음에 들어 했는지도 동료 꿀벌들에게 춤을 춰 알린다.

흥미로운 점이 여럿 있다. 먼저, 꿀벌들은 한 번에 서둘러 결정하지 않는다. 다른 곳을 가본 친구가 그곳이 좋았다고 알리면, 내가 가던 곳이 충분히 좋더라도, 다음에는 친구가 추천한 곳에도 슬쩍 가본다. 새로 방문한 곳이 자기가 처음 가본 곳보다 더 마음에 들면, 고집부리지 않고 마음을 바꿔 친구가 추천한 곳을 다른 친구들에게 알리는 춤의 대열에 합류한다. 이런 과정을 여러 번 거치면서 꿀벌들은 조금씩 조금씩, 함께 탐색하고 협의하는 과정을 거쳐 최적의 이주 후보지에 모두 합의하게 된다.

　꿀벌들이 서로 조율하며 조금씩 의견을 모아가는 과정을 보고한 논문을 보면 우리가 꿀벌로부터 배울 점이 한둘이 아니다. 의견 조율의 중간 단계에서 잠정적으로 꿀벌 다수가 선택한 후보지가 최종 합의한 이주지와 다를 수도 있다. 중간 단계에서 다수의견이라 해서 모든 꿀벌이 그 의견을 즉각 따르는 것은 아님을 의미한다. 이 경우 최종 선택된 후보지가 중간 과정에서는 소수의견이었다는 것도 흥미롭다. 꿀벌들은 다수의견이라고 무조건 따르지도, 소수의견이라고 무조건 무시하지도 않음을 알 수 있다. 꿀벌들이 열린 마음을 가진 것도 눈여겨볼 점이다. 자기가 가본 곳이 마음에 들어도 친구가 추천한 곳에 직접 가보고, 그곳이 더 마음에 든다면, 고집을 버리고 얼마든지 자신의 생각을 바꾼다.

　꿀벌과 마찬가지로 사회적 곤충인 개미도 놀랍다. 개미는 새로운 길을 탐색하며 서로서로 의견을 교환한다. 그러한 방식으로 결국 집에서 먹이까지 시간이 덜 걸리는 효율적인 경로를 찾는다고 한다. 한 마리 한 마리를 보면 우리 인간에 비해 정말 보잘것없는 지적 능력을 가진 개미와 꿀벌이지만, 집단 전체가 함께 만들어내는 해결책은 이처럼 놀랍다. 이런 현상을 보통 '집단 지성'이라 부른다. 난 '집단'이라는 단어를 들으면 획일적인 무언가가 떠올라, 대신 '함께지성'으로 부르기를 제안한다. 꿀벌이 새로운 이주지를 결정하는 과정, 개미가 효율적인 경로를 찾는 과정을 가만히 돌이켜보면 '집단'보다는 당연히 '함께'라는 단어와 훨씬 더 잘 어울리기 때문이다.

우리나라를 포함한 여러 나라에서 정치적인 의견의 양극화 현상이 점점 심해지고 있다. 한쪽 의견을 가진 사람들은 반대 의견을 가진 사람들을 도저히 이해할 수 없다는 불만을 이야기하기도 한다. 같은 나라에 살아도 완전히 딴 세상에 살고 있는 사람들처럼, 동일한 사건에 대한 해석이 정반대인 경우도 부지기수다. 양당 체제인 미국에서의 연구에 따르면, 민주당을 지지하는 사람들과 공화당을 지지하는 사람들이 온라인상에서 제각각 같은 정당을 지지하는 사람들과만 주로 소통한다고 한다. 다른 정당을 지지하는 사람들과는 양쪽 모두 거의 접촉하지 않는다.

우리나라도 마찬가지다. 한번 떠올려보라. 자주 만나 이야기를 나누며 술잔을 기울이거나 커피를 함께 마시는 친구들은 대개 정치적 의견이 일치한다. 이상한 일도 아니다. 비슷한 생각을 가진 사람들과 함께 있을 때 더 마음이 편한 것은 인지상정이기 때문이다. 매일 만나는 친구 중 한 사람은 내가 지지하는 정치인을 늘 욕하는데, 다른 친구는 나와 같은 생각이라 늘 고개를 끄덕여준다면, 시간이 갈수록 마음이 맞는 친구를 더 자주 보게 될 것이다.

난 이처럼 단절된 소통이 두렵다. 서로 단절되어 같은 생각을 가진 사람들하고만 의견을 교환하다 보면 자신의 생각이 당연히 옳다고 착각하기 쉽다. 그리고 다른 의견을 가진 사람들은 하나같이 도저히 이해할 수 없는 이상한 사람들로 보이기 시작한다. 하지만 잊지 마시라. 그 사람들도 마찬가지로 나를 보며 같은 생각을 한다는 것을. 나는 그들을, 그들은 나를 이해하지 못한다. 이런 단절은 의견 교환을 막아 미래의 상호이해도 어려워진다. 난 우리 모두가 개미나 꿀벌에게서 배워야 한다고 생각한다. 생각이 다른 사람의 의견도 귀담아 듣고, 그 의견이 옳다면 자신의 생각을 얼마든지 바꿀 수 있을 때, 우리 사회의 함께지성이 제대로 작동하지 않을까? 꿀벌에게 배울 점은 또 있다. 바로 의견을 모으는 과정에 모두가 춤을 추며 적극적으로 참여한다는 거다. 민주주의 국가의 투표는 바로 모두가 함께 참여하는 축제의 장이다. 다른 사람의 의견에 열린 마음으로 귀 기울이지 않는

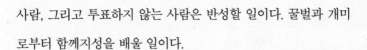

사람, 그리고 투표하지 않는 사람은 반성할 일이다. 꿀벌과 개미로부터 함께지성을 배울 일이다.

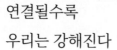

연결될수록
우리는 강해진다

이 세상에 전화기가 딱 하나 있다고 해보자. 이 전화기 앞에서 아무리 오래 기다려도 전화벨은 울리지 않는다. 전화를 걸 곳도 하나 없으니 완벽한 무용지물이다. 세상에 전화기가 두 대면 달라진다. 두 사람이 각자 가지고 있는 소식을 전한다고 하자. 또, 전화가 없다면 버스비 1,000원을 내고 상대방을 찾아가 만나야 상대가 가진 정보를 얻는다고 해보자. 전화로 연결되면 두 사람은 각자 1,000원, 합해서 2,000원을 아낀다. 전화기 두 대의 가치는 이렇게 계산하면 2,000원이다. 전화기의 수가 늘어나 모두 세 대가 되면 어떨까? 소식 하나를 듣기 위해 써야 했던 버스비를 얼마나 아낄 수 있는지 계산해 더하면 각자 2,000원, 모두 6,000원을 아낀다. 네 명이면 3,000원씩 모두 1만 2,000원. 이렇게 계산해보면 연결로 말미암아 생기는 전체의 이익이 전화기의 숫자에 비례하는 것이 아니라 그보다 더 빨리 늘어난다는 것을 알 수 있다. 경제학에서 이야기하는 네트워크 효과다.

전화기는 한 번에 딱 둘만을 연결할 뿐이다. 우리 사회에서 현재 진행형으로 벌어지고 있는 소통의 방식에서 이제 우리 한 사람 한 사람은 여럿과 동시에 소통할 수 있다. 둘이 함께 할 수 있는 일과 열 명이 함께 할 수 있는 일, 그리고 1,000명이 함께 할 수 있는 일을 비교하면 엄청난 차이가 있다. 연결되지 않아 파편화된 열 명과, 함께 소통하며 연결된 열 명은 질적으로 다른 성격을 갖는다. '우공이산'의 우공이, 오랜 시간 노력해 바위를 깨고 흙을 날라 산을 옮길 수 있을지는 모른다. 그렇다 해도, 커다란 바위 하나는 혼자서 아무리 노력해도 단 1cm를 옮기기도 힘들 것이다. 바위는 연결의 힘으로 움직일 수 있다. 연결은 전체를 부분의 단순한 합보다 훨씬 더 크게 만든다.

연결은 또 우리 모두를 가깝게 한다. 심리학자 밀그램Stanley Milgram은 전혀 모르는 사이인 두 미국 사람이 여섯 단계 정도라는 짧은 인간관계의 사슬로 연결될 수 있다는 놀라운 조사 결과를 발표했다. 수억 명의 많은 사람이 살고 있는 미국에서 생면 부지의 두 사람이 기껏 몇 단계면 연결된다는 거다. 정말 놀랍지 않은가. 흥미로운 다른 생각도 해볼 수 있다. 만약 지금 이 글을 읽고 있는 한국 사람인 독자가 밀그램의 실험에 참여했다면 어떤 결과가 나올까? 일단 미국 안에서 여섯 단계니, 미국에 알고 있는 사람이 딱 한 사람만 있다면 생면부지의 미국인과도 일곱 단계면 연결된다. 미국의 대통령이나 일본의 노벨상 수상자나 스웨덴의 유명 가수나, 지구 위에 살고 있는 사람이라면 누구나 이처럼 짧은 길이의 인간관계의 사슬로 연결될 수 있다.

인류학자 던바Robin Dunbar의 연구결과에 따르면 한 사람이 관계를 맺으며 살아가는 사람의 수는 대략 150명 정도라고 한다. 계산의 편의상 줄여서 100명이라 하자. 즉, 한 사람은 100명에게 소식을 직접 전할 수 있다. 만약 중간에 한 사람을 넣어서 두 단계에 소식을 전달한다면 모두 몇 명에게 전달할 수 있을까? 당연히 100 곱하기 100이니 1만 명이다. 나의 친구가 100명이고 내 친구 한 명 한 명도 각자 친구가 100명씩이니 말이다. 같은 방법을 적용하면, 세 단계면 100만 명, 네 단계면 이미 1억 명, 다섯 단계 100억 명이다. 전 지구에 사는 모든 사람들은 원칙적으로는 나로부터 기껏 다섯 단계면 모두 연결된다. 사실 위의 계산에는 과장된 부분이 있다. 내 친구 100명 중 한 명인 길동이는 나처럼 친구가 100명이다. 그런데 길동이 친구 100명 중에는 내 친구도 많다. 즉, 내가 소식을 두 단계에 전달할 수 있는 사람은 사실 100 곱하기 100보다는 상당히 적을 거다. 하지만 내 친구 100명 모두가 길동이 친구 100명과 정확히 겹치는 것은 아니니 적어도 10 곱하기 10은 될 거다. 100 곱하기 100의 꼴로 늘어나나 10 곱하기 10의 꼴로 늘어나나 단계가 늘어날수록 내가 소식을 전할 수 있는 사람의 수가 아주 급격히 늘어난다는 사실은 변하지 않는다. 기하급수적으로 늘어난다. 수학에서의 지수함수 꼴이다. 단계의 수가 늘어날수록 소식을 전할 수 있는 사람이 지수함수를 따라 기하급수적으로 늘어난다는 사실을 살짝 뒤집으면 다른 얘기도 할 수 있다. 즉, 아주 많은 사람이 있어도 그중 두 명을 연결하는 단계의 숫자는 아주 느리게 증가한다는 거다. 수학적으로는 지수함수의 역함수가 되어서 로그함수의 꼴이 된다. 바로, 미국에서 여섯 단계면, 전 세계에서는 일곱 단계가 되는 이유다. 미국에서 전 세계로 인구가 몇십 배 늘어도 단계의 길이는 딱 한 단계만 늘어나는 이유를 로그함수의 꼴로부터 이해할 수 있다.

전체가 부분의 단순한 합보다 크다는 말은 아리스토텔레스가 아주 오래전에 이미 한 말이다. 네트워크의 구조로 서로 연결된 사람들은 놀라운 힘을 발휘한다. 혼자서는 단 1cm도 옆으로 밀 수 없는 커다란 바위가 있다. 한 사람이 두 사람이 되고 둘이 열이 되면 놀라운 일이 벌어진다. 결국 여럿이 함께 힘을 모으면 바위가 움직인다. 이처럼 바위를 움직일 수 있는 사람의 숫자에는 문턱값이 있다. 바위를 함께 미는 사람들의 수가 문턱값에 미치지 못할 때는 아무 일도 벌어지지 않는다. 사람들이 제아무리 끙끙 힘쓰며 밀어도 바위는 꼼짝하지 않는다. 사람 수가 늘어나 문턱값을 넘어야 새로운 일이 벌어진다. 우리가 함께 사는 사회도 그렇다. 소통하며 연결된 다수는 세상을 바꾼다. 민주주의의 동력은 연결이다.

나는 과학자다. 물리학자인 나는 물리학이라는 사고 체계 안에서 (가끔은 엉뚱한) 연구를 진행하고 그 결과를 다른 과학자에게 알린다. 논문을 통해 지면으로, 혹은 학술대회에 참석해 직접적인 대면 접촉의 형태로 다른 동료 과학자를 만난다. 이처럼 논문과 학회는 과학자가 학계에서 소통하며 존재하는 두 방식이다. 과학자도 사람인 이상 소통을 원한다. 다른 사람보다 먼저 무언가를 새로 알게 되면 소속집단에 자꾸 알리고 싶은 것은, 과학자뿐 아니라 사회적 동물로서의 우리 인간 모두의 속성이리라. "얘들아, 저쪽에 갔더니 산딸기가 잔뜩 있더라" 하고 친구들에게 알려주려 후다닥 달려오는 아이와 다르지 않은 마음이다.

그런데 말이다. 개별 과학자 한 사람 한 사람이 다른 사람들에게 새로운 정보를 제공하려는 작은 노력이 함께 모이면 놀라운 일이 벌어진다. 과학이라는 체계 자체가 누적적으로 발전하게 된다. 내가 지금 진행하고 있는 연구는 과거 누군가가 진행한 여러 연구를 발판으로 하기 때문이다. 가끔 과학자들이 올라선 발판 일부가 사상누각처럼 흔들리거나 무너질 때도 있다. 하지만 어떻게 발판을 새로 고칠지 끊임없는 토론을 거친 합의를 통해 오래지 않아 더 튼튼한 발판이 다시 만들어지고는 한다. 새로운 발판도 결국 무너진 발판의 잔해로부터 만들어지니 과거의 발판이 모두 잊히는 것도 아니다. 지금 올라선 발판이 결코 무너지지 않고 이 모습 그대로 영원히 지속되리라 믿는 과학자는 하나도 없다. 지금 딛고 올라선 발판이 그나마 우리가 가진 최선이라는 것에 합의할 뿐이다. 소통과 합리적인 토론이라는 함께지성의 누적적인 과정을 통해 인류는 짧은 시간에 놀라운 과학 성취를 거두었다. 이제 우리는, 우리가 살고 있는 우주가 언제 시작되었는지, 우주의 미래가 어떠할지를 엿볼 수 있을 정도의 지식을 가지고 있고, 전자나 원자를 하나하나의 수준에서 조절할 수도 있게 되었다. 사람이라는 종이 어떻게 진화의 과정을 거쳐 지금의 모습을 갖게 되었는지, 우리 몸 속 세포 안에서 도대체 어떤 일이 벌어지고 있는지, 수십억 년 전 지구의 모습은 어떠했는지 그려볼 수 있게 되었다. 2016년에는 우리로부터 엄청난 거리에 떨어진 두 블랙홀이 하나로 합해질 때 발생하는 그 연약한 중력파를 측정할 수도 있게 되었다. 나는 과학 활동에서 '소통'이 가진 힘이 이 모든 놀라운 성취를 만들었다고 믿는다.

　과학을 하다 보면 자주는 아니지만 "아, 이게 그래서 그런 거였구나!"하며 궁금했던 것이 한순간 투명해지는 깨달음의 순간이 간혹 있다. 뭐, 노벨상을 받을 만한 엄청난 것도 아니고, 다른 과학자는 어차피 이미 다 알고 있는 것일 수도 있다. 그렇다고 깨달음의 기쁨이 많이 줄어드는 것은 아니다. 혼자 앉아 있던 연구실 의자에서 벌떡 일어나 양손을 번쩍 들고 콩콩 뛰며 좁은 연구실을 이리저리 돌아다닌 다음에야 흥분이 가라앉는 그런 순간들이다. 흥분이 가라앉으면 그 다음에는 누구에게라도 자꾸 이야기를 하고 싶어진다. 다른 일로 바쁜 대학원생이 불려와 희생양이 되기도, 죄 없는 아내가 전화를 받아 내 횡설수설을 꼼짝없이 참으며 들어줘야 할 때도 있었다. 인지상정이다. 알고 나면 알리고 싶어진다.

　과학자 사회의 구성원으로 살면서, 우리 사회를 함께 살아가는 더 많은 사람들을 바라보며 넓고 깊은 소통의 가능성을 생각하는 과학자가 늘고 있다. 과학자 사회에서 지금 어떤 일이 벌어지고 있는지, 새로운 발견이 왜 흥미로운지, 그리고 이 발견이 우

리 모두에게 어떤 의미를 갖는지를 더 많은 사람들에게 설명해
주고 싶어 좀이 쑤시는 사람들이다. 알려주고 싶은 것이 꼭 과학
지식의 내용만은 아니다. 과학자라면 자신이 속한 분야에서 몸
으로 익히게 되는, 의심하고 질문하는 방식, 그리고 질문에 대한
답을 찾아가는 합리적 사고의 과정도 사람들에게 알려주고 싶
을 때가 많다. 비정상적이고 비상식적인 사건들이 꼬리에 꼬리
를 물고 벌어지는 것이 정치권의 일상이었던 과거가 우리 사회
에 있었다. 온갖 거짓 뉴스가 확대 재생산되며 적절한 비판의 과
정 없이 우리 사회를 휩쓰는 것을 여전히 목격하고는 한다. 깨어
있는 개개인의 합리적 이성과, 이들의 열린 소통의 과정이 우리
사회에 절실하다. 과학이 모든 것을 해결하리라고 주장하는 것
이 결코 아니다. 과학 활동에서 매일매일 벌어지고 있는, 계급장
뗀 치열한 토론과 열린 소통의 방식에 더 많은 사람들이 익숙해
진다면, 민주적이고 상식적인 사회를 더 앞당길 수도 있겠다는
바람일 뿐이다. 우리 사회의 중요한 문화의 한 부분으로서 과학
활동이 자리매김하길 바란다.

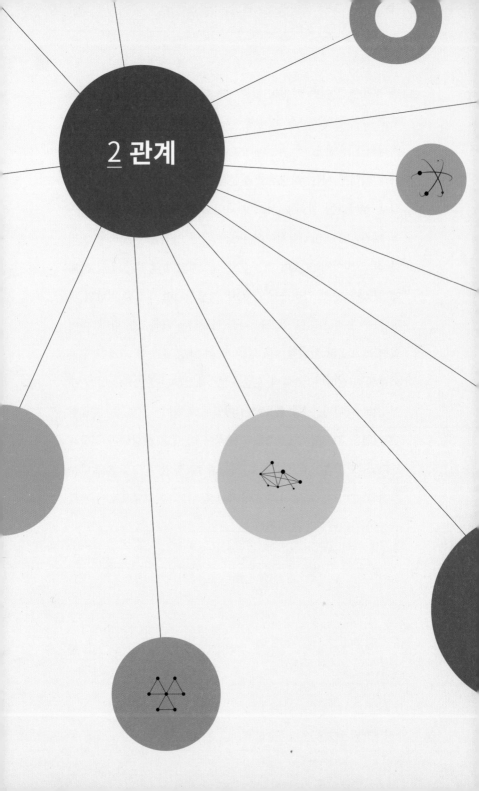

2 관계

우정의
측정 가능성에
관하여

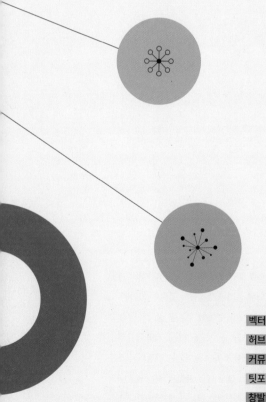

한 사람에 대해 알고 싶으면 그의 친구를 보라. 촘촘히 짜인 사회관계의 그물
망 안, 한 그물코라 할 수 있는 나는, 나를 둘러싼 그물망의 올들이 없다면 그
자리에 있을 수도, 존재할 수도 없다. 사람들의 관계의 구조를 생각하지 않고
사회를 이해하려는 시도는, 올 하나 없는 그물 아닌 그물로 물고기를 잡으려는
헛된 시도를 닮았다. 사람들이 서로서로 관계를 맺고 살아가는 연결의 구조는
우리 사회에 대해 많은 것을 알려준다. 내가 맺고 있는 사회관계는 어떤 구조
일까. 왜 내 친구는 나보다 친구가 많을까. 내가 맺고 있는 관계가 바로 나다.

벡터

과학적으로 절친 찾는 법

많은 사람이 서로 영향을 주고받으며 함께 살아가는 우리 사회에서 어떤 일이 일어나는지는 많은 과학자의 관심거리다. 물리학도 예외가 아니어서, 자연과학의 정량적인 방식을 적용해 여러 다양한 연구가 진행되고 있다. 사람들 사이의 관계를 가지고 연결망을 만들어보고, 그 구조적인 특성을 분석해보는 것도 여기에 포함된다. 누구나 자유롭게 인터넷에서 내려받을 수 있는 익명의 커다란 연결망 데이터도 있지만, 내가 직접 속한 사회 연결망이나 내가 속하진 않았더라도 우리 사회의 사람들이 이루는 내 주변의 연결망 데이터가 나는 더 흥미롭다.

같은 사회연결망에 속한 두 사람이 있다고 하자. 이 둘이 얼마나 가까운 사이인지 어떻게 측정할 수 있을까? 우리는 누가 자기와 친한지 직관적으로 잘 알고 있다. 물론 가끔 오해를 하기도 하지만 말이다. 인간이라는 종의 성공에는 이런 사회적 판단 능력이 큰 도움이 되었음이 분명하다. 하지만 제삼자가 둘 사이의 친밀함의 정도를 객관적인 관찰만으로 알아내는 것은 사실 쉬운 일이 아니다. 둘의 친밀함을 다른 이에게는 살짝 숨기는 것이 도움이 되는 상황도 얼마든지 있을 수 있다. 설문을 통해 직접 친밀함의 강도를 물어보는 방식도 있지만, 익명의 대규모 온라인 데이터를 이용한 정량적인 연구가 최근에는 더 큰 관심을 끌고 있다.

예를 들어, 두 사람 사이의 전화 통화의 지속 시간을 이용해 둘 사이의 관계의 강도를 정량적으로 측정해서, 생애주기 중 친한 사람이 어떻게 변해가는지를 살펴본 연구도 있다. 가장 친한 사람은 남녀 모두 주로 다른 쪽 성이었고, 남성은 31세, 여성은 27세에 그런 경향이 가장 두드러졌다. 고개가 절로 끄덕여지는 결과다. 다른 연구도 있다. 벨기에는 여러 언어가 통용되면서도 집단 간 갈등이 크지 않은 나라다. 사람들이 다른 언어 사용자와 활발히 소통하면서 서로 이해해 갈등을 줄이는 것인지, 아니

관계의 과학

면 다른 언어 사용자와는 거의 사회적 관계를 맺지 않아 갈등이 드러나지 않는 것인지, 둘 중 현실이 어디에 더 가까운지를 사람들 사이의 통화 패턴을 가지고 연구한 논문도 있다(결과는 후자에 가까웠다). 과학자 둘 사이의 관계의 강도는 또 어떻게 측정할 수 있을까? 둘이 함께 저자로 참여한 공동 논문의 수를 세면 된다. 이처럼 상황에 따라 두 사람 사이의 친밀도의 강도를 재는 방법은 다를 수 있다.

ESC 어른이 실험실 탐험을 주최하면서, 짤막한 온라인 설문조사를 통해 데이터를 모은 일이 있다. 바로 페이스북의 친구관계에 대한 조사였다. 페이스북에 들어가보면, 자신의 친구가 현재 몇 명인지 알 수 있다. 또, 페이스북의 다른 사용자 한 사람과 나 사이의 공통친구가 몇 명인지도 알 수 있다. 한 번도 뵌 적 없는 분이 친구 신청을 하는 경우가 있다. 수락 여부를 판단할 때 그분과 나 사이에 공통의 친구가 몇 명이나 있는지 살피고는 한다. 만약, 나와 공통친구가 몇백 명인 분이 친구 신청을 했다면, 전혀 망설임 없이 수락 버튼을 누른다. 이런 분과는 여태 친구가 아니었던 것이 오히려 이상하다. ESC 어른이 실험실 탐험 때 진행한 온라인 설문조사에서는 각자 자신의 페이스북 친구가 몇명인지, 그리고 이날 행사에 온 사람들과 공통친구가 각각 몇 명인지를 적어달라고 부탁했다.

이렇게 얻은 데이터를 통해 서로의 관계 강도를 어떻게 측정할 수 있을까? 사실, 이 질문에 대한 답을 딱 하나 고를 수 있는 것은 아니다. 처음 생각해본 것은, 두 사람 사이에 공통친구가 많다면, 둘이 가까운 사이라고 할 수 있지 않을까 하는 것이었다. A와 B는 같은 고등학교를 나왔고 현재도 같은 직장에 다니는데, 같은 직장의 C는 다른 고등학교를 졸업했다고 해보자. A와 B 사이의 공통친구 수는 아무래도 A와 C 사이의 공통친구 수보다는 많을 것이다. A와 B 사이의 관계가 더 돈독할 것으로 짐작할 수 있다. 즉, 공통친구의 수가 관계의 강도를 측정하는 하나의 지표가 될 수 있다.

〈그림2-1〉은 이런 방식으로 둘 사이의 공통친구 수를 이용해서 관계의 강도를 정의해 그려본 연결망 구조다. 연결망은 점들을 선으로 연결한 구조이다. 연결망에서 두 점이 선으로 서로 연결되어 있다면, 둘 사이에 어떤 의미의 관계가 있다는 뜻이다. 최근의 연결망 연구의 시원을 거슬러 오르면 수학자 오일러 Leonhard Euler를 만난다. 오일러가 창시한 수학의 그래프이론에서는 연결망network(네트워크)을 그래프라 하고, 연결망의 점을 꼭짓

점vertex(버텍스), 두 꼭짓점을 연결하는 선을 에지edge라 한다. 21세기 들어 급격히 성장한 연결망 연구 분야에서는 연결망의 점을 '노드node', 선을 '링크link'라 부르는 연구자가 더 많다. 현재의 연결망 연구의 시원은 수학의 그래프이론이지만, 그래프이론이 아닌 통계물리학 분야의 연구자가 21세기 들어 연결망 연구 분야의 팽창에 크게 기여했기 때문인 것으로 보인다. 자, 〈그림 2-1〉을 보자. 그림에서 두 사람을 잇는 선이 굵을수록 공통친구가 많다는 의미다. 나와 가장 강하게 연결되어 있는 분은 아니나 다를까 직장이 같은 원병묵 교수였다. 교내 외의 여러 사회관계에서 중첩이 많은 분이니 당연해 보였다. 그림에는 또 컴퓨터 프로그램이 자동화된 알고리듬으로 찾은 커뮤니티를 각 노드의 색으로도 표현했다. 알고리듬은 모두 세 개의 커뮤니티를 보여주었는데, 이중 나와 같은 커뮤니티에 속한 사람들의 면면을 보니, 원병묵 교수를 제외한 다른 분들과의 공통점은 그리 명확하지 않았다.

같은 데이터로 둘 사이의 관계 강도를 다르게 정의해 연결망을 그려볼 수도 있다. A, B, C, D 네 사람이 있다고 하자. A와 B는 공통친구가 100명으로 많다고 하자. A는 C와도 공통친구가 100명으로 많은데, D와는 딱 10명의 공통친구만 있다고 하자. 한편, B는 거꾸로다. C와는 10명, D와는 100명의 공통친구가 있

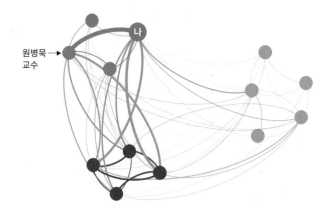

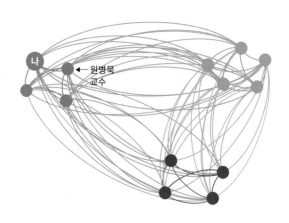

그림2-1_ 페이스북의 공통친구 수를 이용해 그려본 내 주변의 연결망.

원병묵
교수 →

나

원병묵
교수 ←

나

그림2-2_ 페이스북의 공통친구의 분포의 패턴의 유사성을 이용해 그려본 내 주변의 연결망 구조. 내 주변의 세 분은 모두 물리학계에 있는 사람이다.

다. 이 경우 두 사람 A와 B는 같은 고등학교를 졸업해서 공통의 친구가 많을 수는 있지만, 그 밖의 다른 사회관계는 서로 많이 다를 수 있다. 즉, 둘을 제외한 다른 사람들과의 관계의 패턴을 이용해서도, A와 B가 각자 맺고 있는 인간관계의 여러 층위가 얼마나 중첩되는지를 파악할 수 있다. A, B 각자가 C, D, E… 등의 다른 사람과 가진 공통친구 수를 일렬로 죽 늘어놓고, 이 두 수열이 얼마나 서로 비슷한지를 측정해보자는 아이디어다. 위의 예시에서, A와 B에 대해 각자가 C와 D에 대해 가지고 있는 공통친구의 수를 적으면 A는 (100, 10)이, B는 (10, 100)이 된다. 물리학에 자주 등장하는 '벡터vector'를 이용했다.

벡터는 크기와 함께 방향도 가지고 있는 양이다. 한편, 크기만을 가지고 있는 양을 물리학에서는 스칼라scalar라고 한다. 예를 들어, 내 키는 숫자 하나로 표시할 수 있는 양이어서 벡터가 아닌 스칼라이고, 우리 집의 위치는 기준이 되는 위치(예를 들어 수원역)로부터의 거리(5km)와 함께 방향(동쪽에서 남쪽 방향으로 10도)도 함께 알려줘야 찾아올 수 있으니 스칼라가 아닌 벡터다. 우리 집의 위치는 이처럼 거리와 방향으로 알려줄 수도 있지만, 기준 위치로부터 출발해서 동쪽으로 x만큼, 남쪽으로 y만큼 떨어져 있다는 식으로 좌표 (x, y)를 이용해서 알려줄 수도 있다. 우리 집의 위치는 이처럼 두 숫자 (x, y)로 정할 수 있는데, 지구의 표면이 2차원이기 때문이다. 마찬가지로 3차원 공간의 한 위치를 지정하려면 숫자가 세 개 필요하다.

페이스북의 공통친구를 묻는 설문에는 모두 13명이 참여했다. 13명 중 먼저 A, B 두 명을 골라 A, B 둘을 뺀 11명과의 공통친구 수를 일렬로 적으면 11개의 숫자가 이어진다. 예를 들어 A가 'C, D, E⋯' 사이에 각각 공통친구의 수가 '10, 4, 7⋯'이면 A는 '10, 4, 7⋯'로 11개의 숫자로 대표되고, 마찬가지로 B가 'C, D, E⋯' 사이에 공통친구가 '5, 2, 4⋯'명이면 B는 '5, 2, 4⋯'로 11개의 숫자로 표현된다. 이를 11차원 벡터의 11개의 좌표로 생각했다. A의 벡터와 B의 벡터가 11차원 공간에서 얼마나 비슷한 방향을 가리키는지를 재보는 방법을 적용해 둘의 친구관계가 얼마나 비슷한지를 재보자는 생각이다. 이렇게 얻어진 A, B 사이의 연결 강도를 통해 둘이 얼마나 서로 잘 알고 있는지를 측정한 것은 아니다. 각자가 맺고 있는 사회관계의 패턴이 얼마나 중첩되는지를 측정하는 방식이다. 〈그림2-2〉가 바로 이 방법으로 그린 연결망이다. 사회관계가 나와 비슷한 패턴인 사람들이 네 개의 주황색 노드로 내 주변에 표시되어 있다. 가만히 들여다보니 나와 가까운 세 명 모두 실제로 나와 비슷한 분들이었다. 한 분은 바로 〈그림2-1〉에도 등장한 원병묵 교수이고, 나머지 둘은 물리학자면서 ESC 등 다른 활동에서도 나와 겹치는 영역이 많은 분들이다. 같은 데이터로도 방법이 달라지면 서로 다른 결과를 얻는 것이 과학이다. 답이 하나가 아닌 경우도 부지기수다. 과학자가 결과를 보여주면 그냥 믿지 마시라. 결과뿐 아니라 그 결과가 얻어진 과정도 항상 의심의 눈으로 봐야 하는 것이 과학적 태도다. 과학은 책보다는 경험을 통해 더 잘 알 수 있다. 과학은 지식의 총합이라기보다는 대상을 바라보는 사유의 방식이기 때문이다.

벡터 ———— 물체의 질량이나 사람의 키는 크기만 있지 방향은 없는 양이다. 물리학에서는 이런 양을 스칼라라고 한다. 크기뿐 아니라 방향이 있는 양도 있다. 예를 들어, 서울에서 똑같이 거리가 100km라도 남쪽인지, 북쪽인지에 따라 내 위치는 달라진다. 크기와 함께 방향을 가진 양이 벡터다. 벡터를 그림으로 나타낼 때는 방향을 함께 표시하기 위해 화살표로 그린다. 화살표의 시작점을 좌표계의 원점에 두면, 화살표의 머리가 끝나는 위치는 좌표계의 좌표로 표시할 수 있다. 2차원 위에 놓인 물체의 위치는 크기(거리)와 방향을 모두 갖는 벡터인데, 좌표를 이용하면 (x, y)로 쓸 수 있다. 물리학에서는 임의의 높은 차원의 벡터를 생각하기도 한다. n차원 벡터공간에서 한 벡터는 $(x_1, x_2, x_3, x_4 \cdots x_n)$의 꼴로 n개의 좌표를 이용해 표현할 수 있다.

허브

우정의 개수를 측정하는 방법

페이스북을 이용하다 보면, 친구들 여럿이 재미있어 하는 소식이 나도 재미있다. 무어라도 겹치는 것이 많은 사람이 서로 친구가 될 가능성이 높으니 당연한 일이다. 가만히 페이스북만 보고 있어도 요즘 과학계에서 새로운 소식이 어떤 것이 있는지, 주변 과학자 중 누가 새 책을 냈는지, 내가 지지하는 정치인이 최근 어떤 활동을 하는지, 어렵지 않게 알 수 있다. 비슷한 연령대의 비슷한 관심을 가진 사람들이 친구 중에 많다 보니, 10대들이 열광하는 아이돌 그룹의 신곡 발표 소식은 알기 어려울 때가 많지만, 한편으로 흥행에 처참하게 실패한 SF영화이더라도 타임라인에 빈번하게 등장하며 화제가 되기도 한다.

94   관계의 과학

페이스북을 들여다보면, 나를 뺀 다른 친구들은 정말 분주하게, 의미 있고 행복한 삶을 사는 것 같다. 편의점 삼각김밥으로 허겁지겁 점심을 때우며 들여다본 친구의 페북에는 지금 막 멋진 레스토랑에서 맛있는 식사를 하고 있는 사진이 떡하니 올라 있다. 삼각김밥을 먹는 내가 갑자기 초라하게 느껴진다. 또, 내 친구들은 정말 바쁘게 사는 것처럼 보인다. 나도 꼭 한 번 만나보고 싶은 사람들과 함께 소주잔을 기울이는 친구의 사진을 보면 참 부럽다. 여행은 또 왜들 그리 많이 가는지, 난 한 번도 못 가본 여행지에서 찍은 사진을 떡하니 올리기도 한다. 왜 내 친구는 나보다 친구도 많고, 나보다 더 멋진 삶을 사는 것처럼 보이는 걸까?

세 명이 있다. A는 친구가 열 명, B는 친구가 한 명, 그리고 C도 마찬가지로 친구가 한 명이다. A의 친구 열 명 중에는 B와 C도 있어서, B의 친구 딱 한 명이 바로 A고, C의 유일한 친구가 마찬가지로 바로 A다. 이 세 명에 대해서 친구 수를 나란히 적으면 10, 1, 1이다. 모두 더해 10+1+1=12이고, 3으로 나누면 4가 된다. A, B, C 세 명에 대해서 친구 수의 평균값은 4란 얘기다.

같은 상황에 대해서 이번에는 다른 계산을 해보자. 친구의 친구 수는 몇 명인지 평균을 내보는 것이다. A에게 "네 친구는 친구가 몇 명이야?"라고 물어보자. A는 친구가 열 명이다. B와 C를 뺀 나머지 여덟 명의 친구 각각이 친구가 몇 명인지에 따라 답이 달라질 수는 있지만, 어쨌든 A의 답은 절대로 '한 명'보다 더 적을 수는 없다. 마찬가지로 "네 친구는 친구가 몇 명이야?"라고 B에게 물으면 B의 답은 '열 명', C에게 물으면 C의 답도 역시 '열 명'이다(기억하시는지. B는 친구가 딱 한 명이고, 그 친구가 바로 친구가 열 명인 A다. C도 마찬가지다). 즉, "네 친구는 친구가 몇 명이야?"라고 묻고 각자가 답한 값을 나란히 적으면, 1, 10, 10이 된다. 더하면 21, 3으로 나누면 평균값 일곱 명. 자, 정리해보자. 친구의 친구 수의 평균값은 아무리 적어도 일곱 명이다.

이쯤에서 뭔가 이상하다고 느낀 독자가 많을 거다. 친구 수의 평균은 네 명인데, 어떻게 친구의 친구 수의 평균은 일곱 명일 수 있을까? 왜 두 숫자가 많이 다를까? 이 두 숫자의 차이가 바로 '친구관계의 역설Friendship paradox'에 해당한다. 각자에게 친구가 몇 명이냐고 물어볼 때와 당신의 친구는 친구가 몇 명이냐고 물어볼 때, 다른 결과가 나온다는 것이 바로 친구관계의 역설이다.

우리가 '역설'이라고 하는 것에는 사실 공통점이 있다. 언뜻 모순되어 보이지만 알고 나면 이상할 것이 없다는 것이 바로 공통점이다. 친구관계의 역설도 마찬가지다. 왜 이런 역설이 생기는지는, 이런 역설이 생기지 않는 경우를 생각해보면 어렵지 않게 이해할 수 있다. 자, 서로서로 모두 친구인 다섯 명으로만 구성되어 있는 한 모임이 있다고 하자. 다섯 명 모두는 친구 수가 네 명이다(다섯이 아니다. 이솝우화 〈돼지들의 소풍〉에서 자기를 빼고 숫자를 센 바로 그 엉뚱한 돼지처럼 세야 맞다. 나는 나의 친구가 아니다). 누구나 예외 없이 친구가 네 명이니, 친구의 친구 수도 마찬가지로 네 명이다. 이 경우에는 친구관계의 역설이 발생하지 않는다. 이처럼, 각자의 친구 수가 큰 차이 없이 고만고만할 때는 친구관계의 역설이 발생하지 않는다. 거꾸로, 사람들 중 누군가가 친구가 아주 많을 때, 역설이 발생한다. 이유도 어렵지 않다. 친구가 많은 마당발은 말 그대로 많은 사람과 친구다. 아주 많은 수의 링크를 가진 노드를 연결망 과학에서는 허브hub라고 부른다. 친구관계의 마당발이 바로 연결망에서의 허브에 해당한다. 마당발의 그 많은 친구는 하나같이 "내 친구는 친구가 아주 많다"라고 답하게 되기 때문이다.

딱 세 명만 있는 가상의 상황으로 친구관계의 역설을 살펴봤다. 현실의 사회연결망에서는 어떨까? 공동연구자인 페터 홀메Petter Holme 교수가 제공한 약 3만 명의 사람들로 이루어진 스

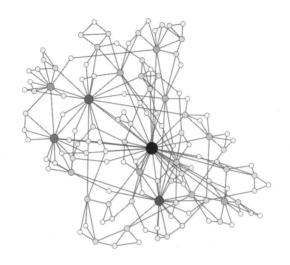

그림2-3_ 마당발이 있는 연결망

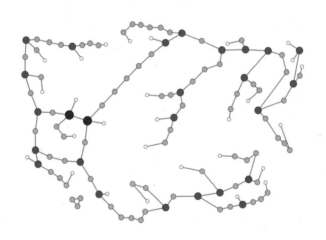

그림2-4_ 마당발이 없는 연결망

관계의 과학

웨덴의 한 누리소통망 데이터를 계산해봤다. 친구 수의 평균은 약 12명인데, 친구의 친구 수의 평균은 무려 230명이나 되었다. 또, 컴퓨터 프로그램을 이용해서 마당발이 존재하는 연결망과 그렇지 않은 연결망을 각각의 모형을 이용해 만들어 같은 계산을 해봤다. 마당발이 있는 연결망의 경우(그림2-3)에는 친구 수의 평균은 8명, 친구의 친구 수의 평균은 약 40명이었고, 마당발이 없는 고만고만한 연결망의 경우(그림2-4)에는 친구 수 평균과 친구의 친구 수 평균이 둘 모두 약 8명이었다. 페이스북 친구가 몇 명 없는 독자가, 독자의 친구는 친구가 정말 많다고 느끼는 것은 착각이라는 의미다. 독자가 친구보다 친구가 적다고 실망할 필요는 전혀 없다. 소수의 마당발을 뺀 누구나 마찬가지기 때문이다. 페이스북의 연결망 구조에 마당발이 소수 있다는 것이 결론일 뿐이다.

친구 수 가지고 실망할 필요 전혀 없다는 이야기와 더불어, 왜 친구들은 나보다 맛있는 음식을 먹고, 나보다 여행을 많이 한다고 느끼는지도 살펴보자. 이 부분은 '선택 치우침selection bias'으로 쉽게 설명할 수 있다. 전혀 어려운 얘기가 아니다. 삼각김밥 먹는 사진을 올리는 사람은 없지만 1년에 딱 한 번 가본 멋진 레스토랑 사진은 사람들이 올리기 때문이다. 친구 365명 각각이 1

년 365일 중 딱 하루 가는 멋진 레스토랑 사진을 1년에 한 번씩만 올려도, 독자는 매일매일 멋진 레스토랑에서 비싼 음식을 먹는 친구의 모습을 보게 된다. 레스토랑 사진 속 그 친구도 독자와 마찬가지다. 364일은 독자가 오늘 먹는 평범한 점심을 먹는다. '선택 치우침'에 관련된 재밌는 일화가 있다. 2차 대전 당시 미군에서 전투에 투입되는 비행기의 어느 부분에 두터운 장갑을 둘러야 안전하게 보호할 수 있을지를 고민했다고 한다. 생환한 비행기의 총탄 자국을 살펴보니, 엔진 부분에는 거의 총탄 자국이 없고, 비행기 날개와 꼬리 부분에 총탄 자국이 많았다. 자, 그럼 엔진 부분은 장갑으로 보호할 필요가 없을까? 이 일화는 명확한 '선택 치우침' 효과를 보여준다. 엔진에 총격을 입은 비행기는 대부분 격추되어 살아 돌아오지 못하기 때문에 오히려 중요하지 않은 부분에 총격을 받은 비행기만 생환할 뿐이라는 얘기다. 합리적인 결론을 얻으려면 선택 치우침이 없는 자료를 모으는 것이 중요하다는 것을 알려주는 일화다.

페이스북에서 내 친구가 나보다 더 많은 친구가 있다고 느끼는 것은 내가 정말로 친구가 적기 때문이 아니다. 페이스북에 마당발 친구가 있기 때문에 만들어지는 '친구관계의 역설' 때문이다. 페이스북에서 내 친구는 나보다 맛있는 식사를 하고, 멋진

관계의 과학

장소를 여행하는 것처럼 보이는 것도 당연하다. 정말로 그 친구가 그런 멋진 삶을 사는 것은 아니다. 그런 예외적인 모습만 페이스북에 올리는 '선택 치우침' 효과 때문이다. 어쩌면, 스스로가 행복한지 아닌지를 다른 이와 비교해 판단하지 말자는 것이 더 중요한 결론일지도 모르겠다.

허브 자전거의 여러 바큇살은 둥근 바퀴의 가운데 바퀴축에 모인다. 바큇살이 모이는 바퀴축처럼, 이곳을 통하면 다른 많은 곳으로 연결되는 장소를 '허브'라 한다. 국내 항공편으로 도착한 다음, 세계 여러 곳으로 가는 비행기로 갈아탈 수 있는 중요 공항을 항공망의 허브공항이라 하는 것도 같은 이유다. 사람들로 이루어진 사회연결망에도 허브가 있다. 이 사람을 통하면 많은 이들에게 연결되는, 친구가 많은 마당발이 바로 사회연결망의 허브에 해당한다.

국회의원, 누가누가 친할까

20대 국회의 재적 의원은 모두 293명이다(2018년 2월 기준).
여당인 더불어민주당 121석, 자유한국당 116석, 국민의당(21석)
과 바른정당(9석)이 합당한 바른미래당 30석, 합당에 반대한 의
원들의 민주평화당 14석, 정의당 6석, 민중당 1석, 그리고 대한애
국당 1석이다. 무소속 의원은 모두 4명이다. 참여연대의 의정감
시센터 홈페이지(http://watch.peoplepower21.org)에는 의정활동 자
료가 누구나 볼 수 있게 공개되어 있다. 국회의 가장 중요한 기
능은 바로 입법 활동이다. 공개된 법안 발의 자료를 잘 살펴보면
의원 개개인이나 정당에 대해 어떤 얘기를 할 수 있을까? 20대
국회의 법안 발의 자료를 내려받아 분석해봤다. 2018년 2월 초

까지 접수된 의안 중, 발의자가 정부, 의장, 위원장, 혹은 기타인 경우를 제외한 1만 363개의 법안 자료를 이용했다.

　　20대 국회에서 가장 많은 의원이 공동 발의한 법안은 〈박근혜 정부의 최순실 등 민간인에 의한 국정농단 의혹 사건 규명을 위한 특별검사의 임명 등에 관한 법률안〉이다. 무려 209명이 발의했다. 이런 법안은 예외적이다. 법안당 평균 발의자 수는 13.4명에 불과해, 발의에 필요한 최소 의원 수인 10명에 가깝다. 최소요건을 딱 아슬아슬하게 맞춘 법안은 4,383개로 무려 전체의 42%다. 10명을 어떻게든 채워야 발의할 수 있으니, 서로서로 상대 의원의 법안에 이름을 올려주는 누이 좋고 매부 좋은 주거니 받거니 하는 상황이 자주 발생할 것으로 짐작할 수 있다. 그리고 이런 상부상조는 두 의원이 친밀할수록 더 자주 일어날 것으로 예상할 수 있다. 의원당 발의 법안 수 평균은 456개로 상당히 큰 값이다. 법안 발의가 가장 많은 의원은 무려 1,940개 법안에 참여했고, 반대의 극단으로는 딱 20개의 법안 발의에만 참여한 의원도 있었다. 흥미롭게도 언론에 많이 등장하는 유명 국회의원이 하위에 많았다. 법안 발의 수를 의정활동에 대한 평가 지표로 쓰기도 한다는 얘기를 들었다. 의정활동에 대한 평가가 앞으로의 정치 경력에 큰 영향을 미치지 못할 이미 지명도가 높은 의원은 굳이 법안 발의를 할 필요가 없나 보다. 한편, 의정활동 지표로 발의 법안 수가 중요한 대부분의 의원들은 많은 법안에 발의자로 이름을 올리기 위한 노력을 할 것으로 짐작할 수 있다. 발의된 법안 전체 수 1만 363개를 야구의 전체 타석수로, 모든 절차가 완료되어 공포된 495개 법안을 안타로 하면, 전체의 평균 타율은 0할 4푼 8리(0.048)다. 의원 전체로 보면 별로 훌륭한 선수들인 것 같지는 않다. 대표발의자의 소속정당으로 나눠 살펴보니, 평균 타율은 정당별로도 달랐다. 민주평화당이 8%, 국민의당과 자유한국당이 6%로 평균 타율보다 조금 높았다. 바른정당이 5%, 더불어민주당은 약 4%, 한편 정의당은 1%에도 미치지 못한다. 소수정당인 정의당은 다른 당의 협력을 얻어 법안을 통과시키는 것이 쉽지 않은 듯하다. 통과되지 못한 법안은 20대 국회 임기 종료 때 자동 폐기된다. 빛을 보지 못하고, 자동 폐기되는 법안이 많다는 것을 짐작할 수 있다. 국회의원이면 그래도 정치에서는 프로들인데 전체 평균 타율이 3할은 되었으면 좋겠다.

법안 발의 자료로 의원들의 연결망을 만들 수 있다. 두 의원을 잇는 연결선의 유무와 강도는 어떻게 정의할 수 있을까? 두 의원 A와 B가 여러 법안에 공동발의자로 이름을 함께 올렸다면 당연히 둘 사이의 연결강도는 크다고 할 수 있다. 즉, 함께 발의

한 법안 개수를 통해 둘을 연결하는 연결선의 강도를 정의할 수 있다는 의미다. 다른 방법도 있다. 자, 100명이 발의한 1번 법안에 함께 이름을 올린 A와 B, 그리고 10명이 발의한 2번 법안에 함께 이름을 올린 C와 D를 보자. 당연히 A와 B보다 C와 D가 더 가까울 것이라고 짐작할 수 있다. 1번 법안에서의 A와 B 사이의 연결강도는 발의자 수 100의 역수인 0.01로, 그리고 2번 법안에서의 C와 D 사이의 연결강도도 마찬가지로 계산해 0.1로 정의하자. 즉, 한 법안을 공동 발의한 두 의원 사이의 관계의 강도는 그 법안의 발의 의원 수의 역수로 정의했다. 물론 두 의원 사이의 전체 연결강도는 한 법안에 대해 위의 방법으로 계산한 값을 법안 전체에 대해 모두 더한 것으로 하면 된다. 〈그림2-5〉는 위의 방법을 이용해 만든 국회의원 전체의 연결망이다. 상당히 복잡한 모습이라 사실 아무런 정보도 눈에 띄지 않는다. 이처럼 복잡한 모습의 연결망에 어떤 정보가 숨어 있는지 보려면 연결망 안 커뮤니티를 찾아보는 것이 도움이 된다. 발견된 한 커뮤니티 안에 함께 속한 의원들은 공동발의가 많고, 다른 커뮤니티에 각각 따로 속한 의원들은 상대적으로 공동발의가 적다고 이해하면 된다. 〈그림2-6〉은 〈그림2-5〉의 전체 연결망에서 적절한 알고리듬으로 모두 네 개의 커뮤니티를 찾아본 그림이다. 옹기종기 모여 있는 의원들은 같은 커뮤니티에 속한다. 바른미래당의 경우

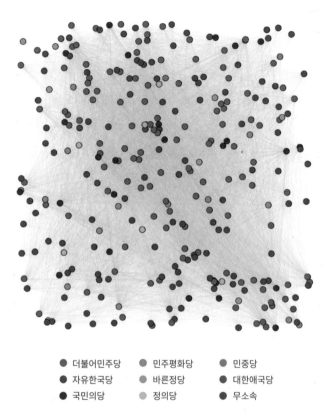

● 더불어민주당　　● 민주평화당　　● 민중당
● 자유한국당　　　● 바른정당　　　● 대한애국당
● 국민의당　　　　● 정의당　　　　● 무소속

그림2-5_ 20대 국회 법안 발의 자료로 만들어본 의원들의 연결망

　　　　　　　　　　　　　　　　　　　　　관계의 과학

어떤 의원들이 합당에 참여했는지 보고자, 이전 소속정당인 국민의당과 바른정당으로 나누어 표시했다.

연결망 안 커뮤니티 구조는 극소수의 예외를 빼면 거의 완벽하게 소속정당에 따라 나뉜다는 것을 알 수 있다. 의원들이 주로 같은 정당 소속 의원과 법안을 공동 발의하며, 다른 정당과의 법안 발의 협력은 상대적으로 적다는 뜻이다. 예상할 수는 있었지만 아쉬운 결과다. 의원들이 소속정당을 넘어 자신의 전문 영역이나 관심 분야에 따라서도 커뮤니티가 나뉘는 것이 더 바람직하지 않을까. 〈그림2-6〉의 구조라면 국회의 입법 활동을 위해 굳이 지역구 국회의원을 뽑아야 할 이유도 없어 보인다는 것이 솔직한 내 심정이다. 개별 의원의 법안 발의 활동이 소속정당에 따라 거의 결정되는 것처럼 보이니 말이다. 〈그림2-6〉에서 확인할 수 있는 어쩌면 당연한 다른 결과도 있다. 먼저, 정의당과 민중당은 같은 커뮤니티에 속하는데, 자유한국당과의 연결은 아주 약한 반면, 더불어민주당과는 상당한 강도의 연결이 보인다. 즉, 정의당·민중당과 가장 가까운 정당은 더불어민주당이며, 가장 먼 정당은 자유한국당이고, 국민의당은 그 중간이다. 커뮤니티 구조만 보면, 바른정당과 자유한국당, 그리고 국민의당과 민주평화당은 각각 같은 커뮤니티에 속한다. 즉, 기존의 법안 발의 패턴

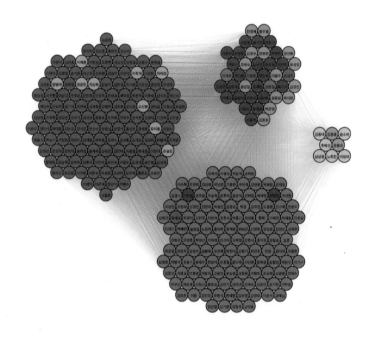

● 더불어민주당　　● 민주평화당　　● 민중당
● 자유한국당　　● 바른정당　　● 대한애국당
● 국민의당　　● 정의당　　● 무소속

그림2-6_ <그림2-5>에서 네 개의 커뮤니티를 찾아 다시 그려본 연결망. 거의 대부
분의 의원이 소속정당별로 명확히 구분되는 커뮤니티로 나뉜다. 바른정당과 대한
애국당은 자유한국당 커뮤니티에 속하고, 정의당과 민중당도 함께 하나의 커뮤니
티를 이룬다. 더불어민주당의 두 의원이 국민의당 커뮤니티에, 거꾸로 국민의당의
두 의원이 더불어민주당 커뮤니티에 들어 있는 것이 재밌다. 이 네 의원의 법안 발
의 패턴은 소속정당보다 다른 정당에 상대적으로 더 가깝다는 뜻이다.

　　　　　　　　　　　　　　　　　　　　관계의 과학

만으로는 바른정당과 국민의당이 합당하는 배경을 설명할 수 없다. 의원들의 이합집산이 각자의 정치적 성향에 바탕한다고 보기는 어려워 보인다. 그게 아니라면, 정치 성향과 법안 발의가 큰 상관이 없든가. 둘 모두 바람직하지 않다. 알고리듬을 더 작은 규모에 적용하면, 각 정당 내부의 커뮤니티 구조도 볼 수 있다. 더불어민주당과 자유한국당은 세 개의 커뮤니티로, 그리고 다른 정당은 두 개의 커뮤니티로 나눠보았다(그림2-7). 누군지 모르는 의원이 훨씬 더 많은 나 같은 물리학자가 〈그림2-7〉의 의미를 알기는 어렵다. 정당 안 계파거나, 아니면 의원들 사이의 개인적 친밀함이 반영된 것으로 짐작해본다.

20대 국회의 법안 발의 자료를 분석해보았다. 엄청난 수의 법안이 발의되지만 모든 과정을 마쳐 공포되는 법안은 분석 당시 5%도 채 되지 않았다. 지명도가 높은 의원의 법안 발의는 오히려 적다는 것이 흥미롭다. 사실, 법안 발의의 정보를 통해 분당이나 창당 시 의원들의 당적변경을 예측할 수 있을까 하는 기대로 연구를 시작했다. 예측할 수 없다는 것이 현재 내 결론이다. 법안발의로 그려본 연결망의 구조는 소속정당별로만 명확히 나뉘었다. 의원 각자의 정치적 성향이 아니라 소속정당이 어디인지가 훨씬 더 중요해 보였다. 의원들이 다른 정당 의원과도 더

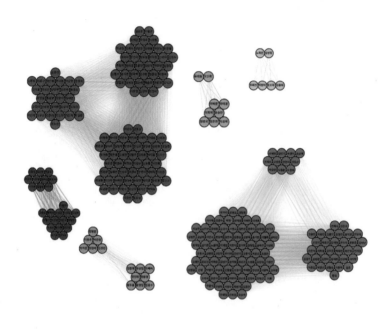

● 더불어민주당   ● 민주평화당
● 자유한국당   ● 바른정당
● 국민의당   ● 정의당

그림2-7_ 법안 발의 자료로 구해본 각 정당 안의 커뮤니티 구조. 같은 커뮤니티에 속한 의원들이 공동발의를 더 많이 한다고 해석하면 된다. 한 정당 안 커뮤니티의 개수는 알고리듬으로 얼마든지 바꿔볼 수 있음에 주의할 것.

관계의 과학

많이 협력하면 좋겠다. 난, 소속정당이 아닌 전문 영역이나 관심 분야의 커뮤니티로 나뉜 국회의원 연결망이 보고 싶다.

커뮤니티 　사람들로 이루어진 사회연결망 안에는 전체보다 작은 규모로 다양한 커뮤니티가 존재한다. 예를 들어, 한 반에 있는 학생들을 각자가 활동하는 동아리로 나눠볼 수 있는데, 동아리가 전체 연결망 안의 커뮤니티에 해당한다. 아무런 추가적인 정보 없이 노드들의 연결구조만을 가지고 연결망 안에 들어 있는 커뮤니티를 자동으로 찾아내는 것은 중요한 연구 분야다. 예를 들어, 한 반에 있는 학생들이 서로 얼마나 자주 소통하는지를 관찰해 연결망을 만들면, 한 반 학생들의 교우관계의 커뮤니티를 찾아볼 수 있다.

국회의원도 게임을 한다

국회의원도 게임을 한다. 퇴근 후 집에서 컴퓨터 게임을 하거나, 아니면 휴식 중 휴대폰 게임을 할 수도 있다. 그런 게임과는 비슷하면서도 다른 게임을 하기도 한다. 게임이론이라는 연구 분야가 있다. 게임이론의 '게임'은 내가 어떤 행동을 할지가 상대의 행동에 따라 달라지고, 그리고 그 결과로 내가 얻는 이익이나 손실도 나뿐 아니라 상대가 어떻게 행동했는지에 따라서 달라지는 모든 상황을 뜻한다. 이렇게 보면 "가위바위보"도 게임이다. 내가 질지 이길지는 상대가 무엇을 냈는지에 따라 달라진다. 마찬가지로, 바둑도 게임이고, 컴퓨터 게임도 게임이다. 얼마 전 오랜만에 만난 친구와 함께한 술값은 내가 냈다. 쪼잔하기 그

관계의 과학

지없는 난, 술값을 다음에 또 내가 낼까 벌써 걱정이다. 이것도 게임이다. 국회에서 의원들은 어떤 게임을 할까?

대학에서 자주 일어날 법한 상황이다. 두 학생 A와 B의 과제 보고서를 받아보니 비슷해 보인다. 아무래도 베낀 것 같다. 열심히 보고서를 쓴 다른 학생들을 생각하면 둘에게 낮은 점수를 주고 싶다. 그런데 심증뿐이다. 확실한 증거는 없다. 이럴 때 게임이론을 잘 이용해 둘 모두의 자백을 유도할 수 있다. 경남과학기술대학교 이상훈 교수의 아이디어다. 한 학생은 부정행위를 인정했는데 다른 학생은 아니라고 우기면, 인정한 학생은 5점을, 아니라고 시치미 뗀 학생은 0점을 주겠다고 알려준다. 시치미 뗀 학생은 증인이 있으니 부정행위의 증거가 확실하고, 따라서 괘씸죄도 적용해 0점, 인정한 학생은 부정행위는 저질렀지만 그래도 자백했으니 양심점수 5점을 주는 거다. 만약 둘 모두 부정행위를 인정하면 둘 다 1점씩을 주어 징계하고, 둘 모두 시치미를 뚝 떼면 심증만으로 점수를 낮게 주기는 어려우니 별 수 없이 둘 다 4점씩을 주겠다고 두 학생에게 알려준다. 그러고는 한 학생씩 살짝 만나 부정행위를 했는지 물어보는 거다. 자, A의 입장에서 생각해보자. 만약 B가 부정행위를 이미 인정했는데도 A가 시치미 떼고 아니라고 우기면 A는 0점을 받는다. 하지만 A도 부정행위를 인정하면 그래도 1점은 받는다. 0점보다 1점 받는 것이 낫다. 따라서 B가 부정행위를 인정했다면 A도 자백하는 것이 A에게 유리하다. A의 고민은 이어진다. 만약 B가 인정하지 않고 안 했다고 잡아떼면 어떻게 해야 할까? A도 마찬가지로 잡아떼면 4점을 받을 수 있다. 이 정도 점수도 괜찮아 보인다. 하지만 다른 가능성이 A를 유혹한다. 친구 B를 배신해 부정행위를 인정하면 A는 5점을 받는다. 4점보다 5점이 높으니 부정행위를 인정하는 것이 A에게 더 유리하다.

자, 두 상황을 요약해보자. B가 부정행위를 인정하든 안 하든, A의 입장에서는 자백하는 것이 항상 더 유리하다. A만 똑똑한 것이 아니다. 당연히 B도 마찬가지로 머리를 쓴다. A가 자백했든 아니든, 부정행위를 인정하는 것이 마찬가지로 B에게 항상 더 유리하다. 높은 점수를 받기 위해 각자가 이성적인 판단을 한다면, 둘 모두 부정행위를 인정해 1점씩을 받게 된다는 것이 결론이다. 바로 과제를 채점하는 교수가 원했던, 학생 둘이 서로 배신해 자백하는 상황이다. 하지만 A, B의 입장에서 다시 생각해보면 흥미로운 점이 있다. 만약 두 학생이 함께 서로 협력해서 끝까지 시치미를 뗀다면 각자가 4점을 받을 수도 있었다는 점이다. 이상훈 교수의 "베낀 보고서 딜레마" 게임에서, 학생의 과제

관계의 과학

를 죄수의 형량으로 바꾸면 바로 원래의 유명한 "죄수의 딜레마" 게임이 된다. 1970년대 후반 미국 정치학자 액설로드Robert Axelrod 는 죄수의 딜레마 게임을 여러 번 반복할 때 이익을 최대로 하는 전략이 어떤 것일지를 공모했다. 다양한 배경의 여러 연구자가 제출한 컴퓨터 프로그램을 서로 경쟁시켜 얻은 결과를 담아 『협력의 진화』라는 책을 썼다. 액설로드의 결론은 명확했다. 여럿 중 팃포탯Tit-for-Tat으로 불리는 전략이 가장 성공적이었다. 우리말로 치고받기, 혹은 맞대응이라고도 불린다. 방금 전 상대가 배신했다면 나도 이번에 배신하고, 협력했다면 나도 협력하는 단순한 전략이다. "보고서 베끼기 딜레마"라면 시치미 뚝 떼고 부정행위가 없었다고 우기는 것이 친구와 '협력'하는 셈이고, 교수에게 베꼈다고 자백하는 것이 친구를 '배신'하는 셈이 된다.

자, 이제 국회의원이 하는 게임 얘기를 해보자. 발의한 의원의 수가 15명 이하인 법안만을 모았다. 앞서 소개한 죄수의 딜레마 게임과 비슷하게 두 의원 사이의 협력과 배신을 정의할 수 있다. 만약 A가 대표 발의한 법안에 B가 이름을 올렸다면 B는 A에 협력했다고 하자. 이후에 만약 B가 대표 발의한 법안에 A가 이름을 올렸다면 A도 B에게 협력한 셈이고, A가 함께하지 않았다면 A는 B를 배신했다고 할 수 있다. 실제 자료에서는 A가 한 법안을 대표 발의한 후에 B가 다른 법안을 대표 발의하기까지의 기간 동안에 A가 다시 다른 법안을 대표 발의하는 경우도 많다. 분석에서는 이런 경우 A가 대표 발의한 법안 중 B가 함께한 법안의 비율(P_{AB})을 가지고 B가 A에게 협력한 정도를 측정했다. 따라서 이 값(P_{AB})이 1에 가까울수록 B가 A에 협력한 정도가 강한 셈이고, 0에 가까울수록 배신한 정도가 강하다고 할 수 있다. 이어서, B가 대표 발의한 법안에 A가 함께한 비율은 이제 P_{BA}로 부를 수 있다. 여기까지 A와 B가 서로 법안 발의의 행위를 주고받으면, 가위바위보의 한 판처럼 게임 한 판이 끝났다고 볼 수 있다.

이제 드디어 재밌는 질문을 할 수 있다. 오늘 분석의 하이라이트다. 방금 판에서 A와 B가 얼마나 서로 협력했는지가 다음 판에서의 A와 B의 행동에 어떤 영향을 미칠까? 〈그림2-8〉은 법안 발의 자료에 포함된 많은 짝 (A, B)에 대해서 일종의 평균을 구해 변화의 화살표를 그려본 그림이다. 먼저, 가로축의 값이 1, 세로축의 값이 0에 가까운 오른쪽 아래를 보자. 이곳의 좌표 (1, 0)의 의미는 B는 A에게 협력(P_{AB}=1)했는데 A는 B를 배신한 (P_{BA}=0) 상황을 뜻한다. 이렇게 되면 당연히 다음 판에서는 B는 A에게 협력의 정도를 줄이려 할 것을 예상할 수 있다. 바로 그림에서 보이는 왼쪽을 향하는(즉, P_{AB}가 줄어드는 방향) 화살표의 의

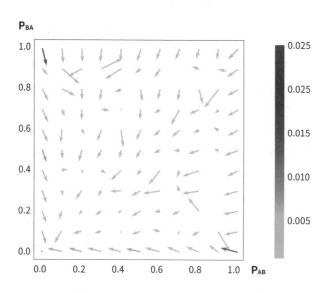

그림2-8_ 국회의원 A가 대표 발의한 법안에 B가 발의자로 참여한 비율을 P_{AB}, 반대로 B가 대표 발의한 법안에 A가 참여한 비율을 P_{BA}라 하자. 화살표의 방향은 다음 단계에서 A, B가 어떤 행동을 하는지를 보여준다. 화살표의 색이 진할수록 더 많은 의원이 이런 행동을 했다는 뜻이다.

미다. 내가 법안 발의를 도왔던 의원이 나를 돕지 않으면 당연히 다음번에는 나도 그 의원을 돕지 않는다고 해석하면 된다. 바로, 팃포탯에 해당하는 전략이다. 〈그림2-8〉에서 화살표들이 향하는 방향을 눈으로 쫓아가면 (0, 0)으로 수렴한다. 바로 두 의원이 서로 배신하는 전략($P_{AB}=P_{BA}=0$)을 택하게 되는 상태다. 죄수의 딜레마 게임이라면 둘 모두 배신하는 경우에 해당한다. 이 글의 결론이다. 우리나라 국회의원은 법안을 발의할 때 팃포탯과 닮은 전략을 택한다. 어려운 얘기가 아니다. 국회의원도 사람이다. 법안 발의 안 도와주면 삐친다는 것이 결론이다.

게임이론으로 분석할 수 있는 상황은 다양하다. 일차선 도로를 두 차가 정면으로 마주 보고 높은 속도로 다가온다. 먼저 자동차 핸들을 꺾어 차선에서 벗어나는 사람이 내기에서 지는 무식하기 그지없는 자동차 경주가 있다(제임스 딘이 출현한 영화 〈이유 없는 반항〉에도 비슷한 경주가 등장한다). 이 황당한 게임을 이기는 방법이 있다. 출발하자마자 차의 방향을 고정하고 핸들을 떼어 차창 밖으로 버리는 거다. 상대가 볼 수 있게 말이다. 그런데 문제가 있다. 상대도 마찬가지로 따라해 핸들을 떼어 차창 밖에 버리면, 이제 100% 정면충돌 사고가 날 것이 확실해도 아무도 피하지 못한다. 어떻게든 이기려 섣불리 핸들을 떼어버려 다른 선택의 가능성을 없앴다가는, 아무도 살아서 집에 가지 못한다. 자기가 죽거나 중상을 당할 것이 뻔한데, 그래도 지지는 않았으니 기쁘다는 사람은 미친 사람이다. 이런 황당한 게임은 아예 시작하지 않는 것이 가장 좋지만, 어쩌다 이런 위험한 상황에 놓여도 해결책이 있다. 게임에서 아무도 지지 않으면서 둘 모두 안전히 돌아갈 수 있는 묘책이 있기는 하다. 바로, 누군가가 "하나, 둘, 셋"을 세면 정확히 동시에 핸들을 꺾으라고 둘을 설득하는 거다. 둘 다 자존심도 세우고, 사고도 나지 않는 해결 방안이다. 아무나 할 수 있는 것이 아니다. 둘 모두에게 신뢰를 얻을 수 있는 사람만 둘을 설득할 수 있다. 북한과 미국 사이의 관계를 중재하려는 노력을 계속한 문재인 정부의 역할이 중요했던 이유다.

팃포탯 ——— 게임이론 분야에서는 어떤 전략을 택해야 장기적인 성공을 거둘 수 있는지를 연구하기도 한다. 예를 들어, 널리 연구되는 죄수의 딜레마 게임은 다음과 같이 진행된다. 둘이 서로 협력하면 각자 3점을 얻지만, 한 사람은 여전히 협력하는데 다른 이가 배반하면 배반한 사람은 4점을, 배반당한 사람은 1점을 얻는다고 해보자. 한편 둘이 서로 배반하면 각자 2점을 얻는다. B가 배반한다면, A도 배반하는 것이 유리하고(A는 협력하면 1점을, 배반하면 2점을 받는다) B가 협력해도, A는 배반하는 것이 유리하다(A가 협력하면 3점을, 배반하면 4점을 받는다). 이렇게 구성된 죄수의 딜레마 게임에서 상당히 성공적인 전략이 바로 팃포탯이다. 이에는 이, 눈에는 눈처럼, 상대가 어제 배반하면 나도 오늘 배반하고, 상대의 어제의 협력에는 나도 오늘의 협력으로 답하는 전략이다. 정치학자 액셀로드의 책 『협력의 진화』는 팃포탯의 성공 이유에 대한 흥미로운 통찰을 담고 있다.

관계의 과학

개미들에게 배운다

개미 한 마리는 극히 제한된 능력만을 가진다. 개미 한 마리의 지능은 다른 대표적인 사회적 동물인 사람 한 명과 비교할 수 없을 정도로 정말 미약하다. 개미 한 마리는 극히 제한된 단순성을 갖지만 이들이 서로 영향을 주고받으며 상호작용을 통해 만들어내는 집단 전체의 행동은 놀라울 정도로 복잡하다. 집단이 마주치는 복잡한 현실 문제를 효율적으로 해결한다. 개미 집단 전체가 보여주는 놀라운 행동은 개미 한 마리의 특성으로 환원해서 설명할 수 없다. 다수의 단순한 요소가 복잡한 전체의 특성을 새롭게 만들어내는 것을 영어 단어로는 emergence, 우리말로는 떠오름 혹은 창발이라고 부른다. 창발은 서로 영향을 주고받으며 상호작용하는 다수의 구성요소로 이루어진 복잡계complex system가 보여주는 대표적인 특성이다.

개미 집단만 창발 현상emergent phenomena을 보이는 것은 아니다. 다른 예가 우리 주변에는 정말 많다. 사람의 놀라운 지성도 1.4kg 정도에 불과한 두 손으로 가볍게 들어 올릴 수 있는 뇌라는 생물학적 물질에서 비롯한다. 뇌과학 분야의 오랜 연구를 통해서, 결국 뇌의 활동도 1,000억 개 정도의 신경세포neuron가 모두 100조 개 정도의 시냅스 연결을 통해 서로 주고받는 단순한 전기신호에 기반을 둔다는 것이 잘 알려졌다. 신경세포 하나는 평시에는 음의 전압을 유지하다가 연결된 다른 여러 신경세포로부터 들어오는 전기신호가 충분히 강해지면 짧은 순간 양의 전압을 가진 상태가 되는데, 이때 신경세포가 발화fire했다고 한다. 하나의 신경세포는 발화하고 있거나, 발화하지 않고 휴지기에 있거나, 딱 두 개의 상태만을 가진다. 0과 1이라는 두 상태로 모든 정보를 코드화한 컴퓨터의 작동 방식과 닮았다. 하나하나의 신경세포의 작동방식은 이처럼 정말 단순하다. 하지만 엄청난 수의 신경세포가 모여 정보를 병렬처리하게 되면 사람의 놀라운 정신활동이 창발한다. 단순한 구성요소가 모여 복잡한 행동을 만들어내는 대표적인 예가 바로 사람의 뇌다. 사람의 뇌뿐 아니다. 최근 급격히 발전하고 있는 인공지능 분야에서 이용하는 심층 인공신경 회로망도 사람 뇌의 작동방식을 모방했다. 단순하게 작동하는 여러 노드가 여러 층의 연결망으로 연결되어 서로 정보를 주고받으며 전체로서 놀라운 결과를 만들어낸다.

많은 사람으로 구성된 인간 사회도 마찬가지다. 서로 연결되어 정보를 주고받는 다수로 구성된 사회는 한 사람이 할 수 있는 일에 비해 엄청난 성과를 만들어낸다. 연결되지 않은 한 개인은, 아무리 능력이 뛰어나다 해도 할 수 있는 일이 거의 없다. 아무리 힘이 세도 청동기 시대 고인돌을 혼자 세울 수는 없고, 우주의 기원을 연구하는 현대의 물리학자도 혼자서는 아무것도 할 수 없다. 이론물리학자는 종이와 연필만 가지고도 연구를 할 수 있다고 하지만, 연구에 필요한 종이와 연필을 직접 스스로 만들어야 한다면 이론물리학도 불가능하다. 아침 식사로 먹은 토스트를 생각해보라. 밀을 키운 농부, 식빵을 구운 사람, 소를 키워 젖을 짜 버터를 만든 사람, 중간의 유통업자, 토스트기의 금속재료를 채굴한 광부, 토스트기를 만든 회사 등등, 정말로 길고 복잡한 관계의 사슬을 거쳐 눈앞의 식탁 위에 떡하니 토스트가 도달한 거다. 각자가 밀을 키우는 것으로부터 시작해야 한다면 어느누구도 토스트를 먹기 어렵다. 사회를 구성하는 한 사람이 하는 일은 단순할 수 있지만, 사회 전체는 복잡한 행동을 창발한다.

기업도 마찬가지다. 기업에 속한 개인 어느 하나도 전체 기업의 세세한 활동 전체를 모두 이해하지 못한다. 큰 기업의 대표는 물론 기업 전반의 업무에 대해 그 얼개는 파악하고 있겠지만, 방금 사무실에서 서명한 결재 서류가 어떻게 책상 위에 도달했는지 그 세세한 과정을 속속들이 알지는 못한다. 기업에서 일하는 한 개인이 한 일은 다른 누군가가 한 일에 바탕해 이루어지고, 이 사람이 한 일의 결과는 또 다른 이가 다른 일을 시작하는 바탕이 된다. 어제 저녁 시청한 TV를 생각해보라. TV를 생산한 기업의 어느 누구도, 작은 부품의 제작부터 최종 유통까지의 전 과정을 모두 알지는 못한다. 기업에서 일하는 각자는 자기가 맡은 단순한 일을 하지만, 그 결과가 조직적으로 모이면 TV라는 엄청나게 복잡한 상품이 된다. 따로따로 파편화된 개인이 할 수 없는 일을 기업은 할 수 있다. 사람들이 기업을 만들어 경제활동을 하는 이유다. 혼자서는 할 수 없으니 모여서 하는 것이 기업이다.

개미와 사람. 현재 지구라 불리는 이 아름다운 행성에서 가장 성공적으로 적응한 두 생물종이다. 개미가 작다고 얕보지 말라. 지구에 사는 개미 전체의 무게는 지구에 사는 사람 전체의 무게와 맞먹는다. 그만큼 성공적으로 적응한 생명체다. 흥미롭게도 지구에서 가장 성공적이라 할 수 있는 개미와 사람, 두 종의 공통된 특성이 바로 대규모의 사회성이다.

개미가 보여주는 사회성의 유전적 기원

개미는 대표적인 사회적 동물이다. 사람의 사회성이 문화적인 성격이 강한 데 비해 개미의 사회성은 오롯이 유전적인 결과다. 개미의 사회성은 사회성의 끝판왕이다. 개미의 사회성을 진眞사회성eusociality이라 부른다. 진사회성을 보이는 집단 안에서 개별적인 존재는 스스로의 이익을 위해 행동하지 않는다. 전체를 위해서라면 초개와 같이 목숨도 버리는 이타성을 보여준다. 개미와 벌이 진사회성을 보여주는 대표적 종이다. 개미의 사회성이 유전적 유사성에 근거한다고 해서, 이를 사람들로 구성된 인간사회로 곧바로 확장할 수는 없다. 사람들은 혈연관계로 연결되지 않은 생면부지의 사람들에게도 이타적 행동을 한다. 사람이 보여주는 놀라운 이타성은 당연히 유전자의 친밀도로만 환원해 이해할 수 없다. 이타성의 출현은 다양한 학문 분야에서 지금도 활발히 연구되고 있는 주제다. 개미 집단 전체가 보여주는 놀라운 집단행동에 대한 이야기를 해보자.

페르마의 원리를 따르는 개미의 길 찾기

물리학에 페르마의 원리라는 것이 있다. 한 지점에서 다른 지점으로 빛이 진행하는 경로가 어떻게 결정되는지에 대한 원리다. 빛은 두 지점을 잇는 경로 중 가장 시간이 적게 걸리는 경로를 택해 이동한다. 〈그림2-9〉를 보자. 남쪽으로 바다가 멋지게 펼쳐진 해변에 구조요원이 위치 A에 있다. 정면에서 오른쪽 45도 방향에 방금 물에 빠져 허우적거리는 사람(위치 B)을 발견했다. 이 사람을 빨리 구조하려면 어떻게 해야 할까? 달리는 속도가 헤엄치는 속도보다 빠르니, 45도의 각도로 해변을 달려가서 45도의 각도로 계속 물속으로 일직선으로(〈그림2-9〉의 경로 C_1을 따라) 헤엄치는 것은 현명한 방법이 아니다. 헤엄을 쳐야 하는 바닷물 안 경로를 조금 줄이고 해변 모래밭 위를 달리는 경로는 조금 늘리면 조난자에게 더 빨리 도달할 수 있다. 헤엄을 쳐야 하는 바닷물 안 경로를 무조건 짧게 한다고 능사는 아니다. 달리는 속도와 헤엄치는 속도가 주어져 있으면 조난자에게 도달하는 가장 짧은 시간의 경로를 쉽게 계산할 수 있다. 흥미롭게도 공기와 물처럼 굴절률이 다른 두 매질을 빛이 진행할 때 빛의 경로가 꺾이는 것도 구조요원이 조난자를 구하는 최적의 경로와 정확히 같은 방식으로 결정된다. 빛은 두 지점을 잇는 상상할 수 있는 수많은 가능한 경로 중 가장 짧은 시간이 걸리는 경로를 택해

관계의 과학

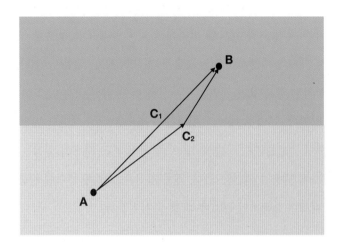

그림2-9_ 해변의 구조요원(A)이 조난자(B)를 구하기 위해 택해야 하는 최소시간 경로는 C_1이 아니라 C_2다. 빛도, 그리고 개미도 페르마의 원리를 따라 최소시간 경로를 택한다.

이동한다. 바로, 물리학의 페르마의 원리다.

자, 그렇다면 개미는 어떨까? 〈그림2-9〉를 다시 보자. 개미
집이 A에, 먹이가 B에 있다고 하자. 개미가 이동해야 하는 두 부
분의 바닥의 거친 정도를 달리해서 회색 부분보다 푸른색 부분
에서 개미가 이동하는 평균속력을 더 느리게 한 실험이 있다. 이
실험의 결과를 보면 개미는 일직선을 따른 직선 경로 C_1을 따르
지 않았다. 개미는 해변의 현명한 구조요원처럼, 그리고 빛처럼,
집에서 먹이를 잇는 가능한 경로 중 가장 짧은 시간이 걸리는 경
로 C_2를 택하는 경향이 있다. 개미 집단은 어떻게 이처럼 시간이
덜 걸리는 효율적인 경로를 택할 수 있었을까?

개미는 시계가 없다. 개미 한 마리 한 마리는 집에서 먹이를
왕복하는 시간을 재지 않는다. 아마도 개미는 시간이라는 개념
자체도 가지고 있지 않을 가능성이 크다. 시간이 무언지 모르는
개미가 여럿 모이면 시간이 덜 걸리는 효율적인 경로를 찾아낸
다. 단순하고 제한된 능력을 가진 개미 한 마리 한 마리가 여럿
이 모이면 전체 집단은 놀라운 효율성을 창발한다. 이 실험에서
개미 집단이 최소시간 경로를 찾아내는 것을 설명하기 위해, 개
미 한 마리의 놀라운 능력을 가정할 필요는 없다. 효율적인 경로

관계의 과학

를 찾아내는 비밀은 바로, 개미가 남긴 화학 물질인 페로몬에 있다. 개미는 자신보다 앞서 지나간 동료 개미가 남긴 페로몬을 따라 이동하면서 자신도 페로몬을 바닥에 남긴다. 페로몬은 휘발성이 있다는 것이 중요하다. 시간이 오래 걸리는 경로와 시간이 짧게 걸리는 경로를 비교해보자. 시간이 짧게 걸리는 경로를 개미들이 왔다갔다하며 남긴 페로몬은, 시간이 오래 걸리는 경로에 남긴 페로몬보다 더 많게 된다. 즉, 시간이 지나면 개미들은 시간이 짧게 걸리는 경로를 통해 주로 이동하게 된다. 페로몬의 적절한 휘발성과 개미가 페로몬을 따라가며 자신도 페로몬을 남긴다는 사실을 통해 개미 집단이 최소시간 경로를 찾아내는 현상을 정성적으로 이해할 수 있다. 구성원 각각은 단순한 행동 규칙만을 따라도 집단 전체는 이처럼 놀라운 효율성을 보여줄 수 있다.

서로 몸을 이어 다리를 만드는 개미의 행동

개미 집단이 보여주는 놀라운 행동은 더 있다. 개미 집단이 목적지를 가는 중에 V자 모양의 골짜기를 만나면 어떤 행동을 할까? V자의 왼쪽 위 끝점과 오른쪽 위 끝점을 잇는, 골짜기를 가로지를 수 있는 다리를 자신들 몸을 이어 만들기도 한다. 물론 V자의 골짜기가 깊지 않다면 다리를 만들지 않고 경사면을 따라 내려갔다가 다시 경사면을 따라 올라가기도 한다. 개미는 어떻게 다리를 만들어 전체 이동경로의 길이를 효율적으로 줄일 수 있을까? 개미 집단이 보여주는 흥미로운 다리 만들기 현상도 활발한 연구가 진행되는 주제다.

먼저, 개미 한 마리의 단순한 행동으로 다리가 어떻게 만들어질 수 있는지 설명해보자. 개미 한 마리는 골짜기를 따라 내려갔다 올라오려면 시간이 오래 걸리니 이곳에 다리를 놓자는 이성적 판단을 할 리가 없다. 오른쪽으로 이동하다가 V자의 왼쪽 위 지점에 도착한 개미는 절벽에 막혀 이동 속도가 줄어든다. 이 개미 뒤에는 다른 동료 개미가 길이 막힌 줄도 모르고 계속 오고 있다. 앞에 가던 개미의 속도가 줄어드니, 뒤따르던 개미는 앞에 서 있는 개미의 등을 밟고 위로 올라서게 된다. 자, 자기 등 위에 개미가 일정한 수 이상 있으면 아래 개미는 그 자리에 얼어붙어 정지한다고 가정해보자. 이 과정이 계속 진행되다 보면, 개미들은 이제 등을 밟고 위로 차곡차곡 몸을 엮어 쌓이게 된다. 맨 위의 개미는 맨 아래의 개미보다는 오른쪽으로 치우친 위치에 있게 된다. 이 과정이 반복되면 V자의 윗부분의 틈이 점점 개미로 메워지게 되고, 드디어 V자의 윗부분을 연결하는 수평 방향의 다리가 만들어진다. 그러고는 이제 뒤따라오는 개미들은 골짜기를 내려갔다 올라오는 비효율적인 경로가 아니라 동료 개미들이

관계의 과학

몸을 엮어 만들어놓은 다리 위를 따라 짧은 경로로 이동하게 된다. 실제 자연에서의 개미의 이동 경로를 살펴보면, 먹이를 개미집으로 나르다 먹이가 모두 소진되면 당연히 개미가 몸으로 엮어 만든 다리도 없어진다. 이 현상도 어렵지 않게 설명할 수 있다. 개미는 자신의 등 위를 지나가는 개미의 수가 일정 수 이하로 줄어들면, 가만히 현재 위치에 얼어붙어 있던 행동을 그만두고 다시 움직인다고 가정하면 된다. 이처럼, 개미가 어떻게 다리를 만들게 되는지, 그리고 안 쓰는 다리는 왜 없어지는지를 개미 한 마리의 단순한 행동 규칙으로 설명할 수 있다. 개미는 자기 등 위를 지나가는 개미가 일정 수보다 많으면 그 자리에 얼어붙어 움직이지 않고, 일정 수보다 적으면 계속 움직인다. 이 가정만으로도 개미가 몸을 엮어 다리를 만들어 이동경로의 길이를 줄이는 현상을 설명할 수 있다.

개미가 만드는 다리에 대한 연구결과는 더 있다. 어떨 때는 가장 짧은 경로가 되도록 다리를 만들지만 어떨 때는 다리를 놓지 않고, 어떨 때는 가장 짧은 경로가 아닌 다리를 만든다. 예를 들어, V자의 맨 위 두 지점을 연결하는 다리만 만드는 것이 아니라, 그 절반의 높이에 수평 방향으로 다리를 만들기도 한다. 골짜기 맨 아래를 거쳐 가는 것보다는 효율적인 경로지만, V자 맨 위를 직접 수평으로 연결하는 것보다는 비효율적인 다리다. 다리의 다양한 모습에 대한 분석을 통해서 개미 집단이 전체로서는 비용-편익 계산을 한다는 것이 알려졌다. 다리 자체의 길이가 늘어나면 먹이를 물어 오는 데 투입되는 노동력이 줄어들기 때문에 다리를 놓는 것 자체가 전체 집단에게는 비용을 초래한다. 개미 집단은 비용-편익 분석을 통해 적절한 다리를 놓는다는 연구 결과다. 이 경우에도 물론, 전체 집단의 비용과 편익을 계산기로 눌러 계산하는 개미가 있다는 뜻이 아니다. 아마도 시간당 집에 도착하는 먹이의 양을 이용해 간단한 규칙을 적용하고 있을 것으로 보인다. 집단 전체의 효율성은 단순한 개미의 행동으로 창발하는 현상이다.

몸을 엮어 뗏목을 만들어 집단 이주하는 개미

개미집이 홍수로 인해 침수되면 개미 집단 전체는 물에 뜨는 뗏목을 만들어 이주하기도 한다. 물론 사람처럼 나무를 베어 엮어 뗏목을 만드는 것은 아니다. 개미들은 동료 개미와 몸을 엮어 연결해 빈대떡처럼 얇은 판 모양의 뗏목을 만든다. 개미가 몸을 이어 만든 뗏목은 수십 센티미터의 크기에 이르고 뗏목을 구성하는 개미는 10만 마리가 넘기도 한다. 이렇게 집단 전체가 뗏목을 이뤄 물에 떠서 강물을 따라 흘러가게 된다. 적당한 곳에서 땅

관계의 과학

에 닿으면, 집단 전체가 한 번에 새로운 이주지로 옮겨 갈 수 있다. 개미로 만들어진 뗏목은 공기층을 품고 있어 가벼워 물에 뜰 뿐만 아니라, 안으로 물이 들어오지 않는 방수 기능도 있다. 뗏목 아래 물 쪽에 있는 개미도 익사하지 않고 중간 공기층을 통해 숨을 쉬며 살아남을 수 있다. 개미 뗏목은 정착하기 전까지 심지어 수 주 동안을 물 위에 떠 이동하기도 한다. 집단 전체가 홍수를 피해 새로운 이주지로 성공적으로 옮겨 가기 위해 몸을 엮어 뗏목을 만드는 것도 개미 집단이 보여주는 놀라운 창발현상이다.

개미는 어떻게 뗏목을 만들 수 있을까? 이 현상을 연구하는 과학자들이 있다. 한 논문에서 개미가 뗏목을 만드는 현상을 자세히 연구했다. 먼저, 한 덩어리의 공 모양으로 뭉쳐 있는 개미 집단을 물 위에 놓아보자. 길지 않은 시간 안에 개미 두세 마리 정도의 두께로 물 위에 넓게 퍼져 빈대떡 모양의 뗏목이 된다. 개미 뗏목이 만들어지기 위해서 개미 한 마리 한 마리는 어떤 행동 규칙을 따라야 할까? 사실, 개미가 뗏목을 만들 때 이용하는 행동 규칙은 앞서 소개한 다리를 만들 때의 행동 규칙과 정확히 같다. 개미 한 마리는 이리저리 움직이다가 뗏목의 가장자리에 도달하면, 물 위를 걸어갈 수는 없으니 그 자리 근처에서 서성거린다. 그러다 보면, 뒤를 이어 따라온 동료 개미가 뗏목 가장

자리의 서성거리는 개미의 등 위에 올라탄다. 다리를 만들 때의 개미의 행동을 기억하는지. 등 위에 있는 개미가 일정 수를 넘으면 개미는 그 자리에 얼어붙어 꼼짝하지 않는다는 간단한 규칙을 앞에서 소개했다. 자, 이제 뗏목 가장자리에서 동료 개미를 등 위에 태우고 있는 개미는 그 자리에 얼어붙어 움직이지 않는다. 이 과정이 반복되면 V자 모양을 가로지르는 다리가 생기는 과정과 정확히 같은 방식을 따라서, 물 위의 개미 집단은 사방팔방으로 퍼져 얇은 빈대떡 모양이 된다. 개미가 만든 뗏목의 두께가 개미 두세 마리 정도라는 관찰 결과도 쉽게 이해할 수 있다. 개미 한 마리의 두께라면 뗏목 가장자리의 개미는 자기 등 위에 올라타 있는 개미가 없으니 그 자리에 머물지 않는다. 그렇다고 뗏목을 탈출해 물 밖으로 나가지는 않으니 뗏목의 중심을 향해 돌아오게 된다. 즉, 개미 한 마리 두께의 뗏목은 안정적으로 유지될 수 없다. 뗏목 전체의 크기가 줄어들게 된다. 만약 뗏목이 너무 두껍다면 맨 위의 개미는 뗏목의 가장자리 쪽을 향해 이동하게 되므로 뗏목의 두께는 시간이 지나면서 얇아지고 뗏목의 면적은 커질 것이 당연하다. 뗏목의 두께가 개미 두세 마리라는 것은 앞의 논의를 따르면 자연스러운 결과다. "내 등 위에 동료 개미가 일정 수 이상이면 그 자리에 얼어붙어 움직이지 말고, 일정 수 이하면 움직인다"라는 동일한 규칙을 따라 개미는 다리를 만

관계의 과학

들고 뗏목을 만든다. 집단 전체가 효율적으로 이주하기 위해 뗏목을 만드는 놀라운 집단행동도 결국은 단순한 행동 규칙을 따르는 다수의 개미가 만들어내는 현상이다. 같은 개별적인 행동 규칙을 따르더라도 외부의 환경이 이동 중 맞닥뜨린 골짜기인지, 물 위인지에 따라 전체는 전혀 다른 집단행동을 만들어낸다는 것이 흥미롭다.

개미집 건축의 비밀

개미는 땅속으로 굴을 파, 벽으로 구획된 여러 개의 방을 만들고 이를 복잡하게 연결해 엄청난 규모의 건축물을 만든다. 개미는 사람보다 훨씬 작다. 사람으로 치면 개미집은 아주 높은 고층 빌딩의 규모다. 개미집의 구조는 효율적이어서, 내부의 온도를 일정 범위 안에서 유지할 뿐 아니라, 적절한 환기의 기능도 있어 내부와 외부의 공기를 순환할 수 있다. 이처럼 놀라운 개미집이 어떻게 개미 한 마리 한 마리의 단순한 행동으로부터 만들어지는지, 과학자들도 아직은 속속들이 이해하지 못한다. 하지만 개미 한 마리가 단순한 몇 개의 행동 규칙을 따르기만 해도, 흥미롭고 복잡한 구조가 만들어질 수 있다는 연구가 있다. 실제 개미의 행동에 대한 관찰 결과를 적용해 단순한 컴퓨터 모형을 만들고, 모형에서 얻어지는 결과를 실제 개미집의 복잡한 구조와 비교한 연구다. 복잡한 구조물을 만들기 위해 개미가 복잡한 행동을 할 필요는 없다는 것을 연구는 보여줬다. 개미 한 마리가 하는 단순한 행동은 다음과 같다. 1)개미는 일정한 확률로 바닥에 있는 모래알을 물어 집는다. 2)모래알을 물고 이리저리 이동하다가 바닥에 모래알이 있으면 물고 있는 모래알을 그 근처에 내려놓는 경향이 있다. 3)그런데 다른 개미가 이미 물었다 놓은 모래알 근처에 자기 모래알을 내려놓을 확률이 더 크다. 동료 개미가 물었던 모래알에 묻어 있는 페로몬을 인식하는 거다. 이 세 종류의 단순한 행동 규칙만을 적용한 컴퓨터 모형을 통해 만들어지는 구조는 실제의 개미집과 흡사했다. 앞서 이야기한 것처럼 페로몬은 휘발성이 있어 시간이 지나면서 점점 사라진다. 연구에서는 페로몬의 휘발성 정도를 바꾸면, 최종적으로 만들어지는 구조도 함께 달라진다고 말한다. 현실에서도, 외부조건이 달라지면 같은 종의 개미라도 다른 구조의 개미집을 만든다고 한다. 온도와 습도에 따른 페로몬의 휘발성 변화로, 이를 설명할 수도 있음을 논문에서는 말하고 있다.

게으른 개미도 필요하다

〈개미와 베짱이〉 이야기는 모두가 아는 동화다. 쉴 새 없이 먹이를 물어 나르는 개미들을 보면 누구나 개미는 정말 부지런한 동물이라고 생각한다. 사실 섣부른 생각이다. 아무 일도 안 하고 개미집 안에서 빈둥거리는 개미가 눈에 보일 리는 없기 때문이다. 개미 집단 전체의 모든 일개미가 과연 하나같이 부지런할까? 최근 연구에서 얻어진 결론이 흥미롭다. 부지런한 개미가 물론 많지만, 아무 일도 안 하고 게으름을 피우는 개미도 그에 못지않게 정말 많다는 관찰결과다. 평균 65마리 정도로 구성된 20개의 개미 집단에 대한 관찰에서, 각 집단의 40% 정도의 개미는 아무 일도 하지 않는다는 것이 알려졌다. 논문에서 시도된 실험이 재밌다. 부지런한 개미를 집단에서 덜어내면 어떤 일이 생기는지, 그리고 거꾸로 게으른 개미를 집단에서 덜어내면 어떤 일이 생기는지를 실험했다. 실험의 결과도 흥미롭다. 부지런한 개미 중 20%를 덜어내면, 그 전에 게으름을 부렸던 개미 중 일부가 일주일 안에 일을 시작해 부지런해진다. 즉, 게으른 개미는 전체 개미 집단에서 일종의 예비 노동력reserve labor force의 역할을 한다는 결론이다. 거꾸로 게으른 개미를 집단에서 덜어내면 어떤 일이 생길까? 흥미롭게도 게으른 개미가 줄어든다고 해서 부지런한 개미가 게을러지지는 않는다는 결론을 얻었다. 개미 집단 전체를 위한 작업의 양이 정해져 있다고 생각하면 이해할 수 있는 결과다. 실제 노동에 투입될 개미의 개체수를 개미 집단 전체는 효율적으로 조정하고 있다는 놀라운 결론이다. 여유 노동력

이 있다면, 집단 전체가 수행할 작업의 양이 늘어나도 집단 전체
는 탄력적으로 대처할 수 있게 된다.

비슷한 다른 연구도 있다. 30마리로 구성된 개미 집단에 대
한 실험이다. 불개미 30마리 중 70%는 일하지 않고 게으름을 피
운다. 이때 부지런한 개미 5마리를 제거하면 게을렀던 개미가 부
지런해져 굴 파기 작업에 투입된다. 정도의 차이는 있지만 앞 연
구와 같은 결과다. 이 연구에서는 개미가 땅을 파는 행동을 연
구했다. 길게 굴을 파는 일에는 사실 너무 많은 개미가 투입되
면 굴 파기의 효율이 떨어진다. 이동하는 중간에 다른 개미에 가
로 막혀 움직이지 못하는 정체현상이 생길 수 있기 때문이다. 사
람들의 부가 얼마나 불공평하게 배분되었는지를 정량적으로 재
는 지표 중 지니계수가 있다고 앞서 말했다. 지니계수 $G=0$이면,
모두에게 완전히 공평하게 분포되었다는 뜻이고, $G=1$이면, 극
도로 불공평하게 편중된 분포라는 뜻이다. 개미 한 마리 한 마리
가 얼마나 오랜 시간 굴 파기에 시간을 보내는지를 가지고 개미
집단의 지니계수를 구해보니 0.75였다. 굴 파기 노동시간은 상
당히 불공평하게 배분되어 있다는 뜻이다. 부지런한 개미를 제
거해도 전체의 지니계수는 오래지 않아 원래의 값으로 복구된다
는 결과도 논문에 담겼다. 논문에서는 30마리의 개미를 컴퓨터

　　　　　　　　　　　　　　　　　　관계의 과학

프로그램으로 구현한 모형도 연구했는데, 결과는 실제 개미에게서 관찰된 것과 흡사했다. 컴퓨터 모형을 이용해 작업량의 불공평 분포가 어떻게 생겨나는지 살펴보았다. 지니계수 G를 0(완전 공평)이나 1(완전 불공평)에서 시작해, 시뮬레이션이 만드는 굴의 길이가 늘어나는 방향으로 부지런한 개미와 게으른 개미의 비율을 조정해가는 방법(유전 알고리듬이라 부르는 방법의 일종)을 적용한 거다. 지니계수의 처음 값과 무관하게 최종적으로는 개미 집단의 지니계수가 0.6 정도의 값으로 수렴한다는 결과를 얻었다. 일의 불공평 분배가 집단 전체에게는 더 유리하므로, 일정 비율의 게으른 개미가 출현한 것은 진화의 과정에서 등장했을 것으로 짐작할 수 있다.

도로 위의 차량 정체를 연구하는 분야에서는 가로축에 차의 밀도, 세로축에 통행한 차가 몇 대인지를 그려보고는 한다. 차의 밀도가 아주 낮아 차가 몇 대 다니지 않으면, 당연히 통행한 차량 수도 적다. 또 차의 밀도가 아주 높으면 차량 정체로 인해 통행한 차량 수는 또 줄어든다. 즉, 중간 정도의 적절한 차의 밀도일 때 통행량이 최대가 된다. 개미 굴 파기에 대한 연구에서도 컴퓨터 모형을 통해 개미의 밀도와 개미의 통행량 간 관계를 살펴봤다. 아니나 다를까, 적절한 개미 밀도에서 개미의 통행량이 최대가 된다. 흥미롭게도 컴퓨터 시뮬레이션에서 얻은 이 최적의 개미 밀도가 실제 같은 수의 개미 실험에서 얻은 값과 비슷했다. 개미는 적절한 일의 배분을 통해, 가장 효율적인 굴 파기 방식을 집단 전체가 택했다는 결론이다. 이 논문에서는 또 간단한 작업만을 수행하는 단순한 로봇 네 대를 이용한 군집로봇 실험도 했다. 결론은 같다. 넷 중 하나가 쉴 때 작업효율이 올라간다는 결과다.

모든 구성원이 동시에 노력하는 것보다 일부가 노력할 때 더 효율적인 결과가 만들어진다는 다른 연구도 있다. 사람들이 밀집한 공간에 화재가 발생해 모두가 빠른 시간 안에 탈출해야 하는 상황에 대한 연구다. 모든 이가 우왕좌왕 출구를 찾으려 동시에 헤매는 것보다, 일부가 출구를 찾고 나머지는 이들을 따라가는 것이 전체 집단의 탈출 시간을 줄이는 데에 효율적이라고 논문에서는 말한다. 필자도 상황은 다르지만 비슷한 결과를 얻은 연구를 한 적이 있다. 긴 복도의 양쪽에서 사람들이 마주 걸어오고 있는 상황에서 모두가 예외 없이 우측통행이라는 보행 규칙을 따를 때보다, 보행 규칙을 따르지 않는 소수가 있을 때 오히려 통행이 더 원활해진다는 결과를 간단한 모델을 통해 얻었다. 모두가 우측통행 규칙을 따르면 복도의 중앙 부근에서 보

행자의 밀도가 높아져 정체가 생기기 때문이다. 게으른 개미의
존재가 굴을 파는 개미의 밀도를 낮춰 굴 파기의 효율을 높이는
현상과 비슷하다.

개미에게 배우는 심플 워크

앞에서 전체 개미 집단이 보여주는 경이로운 집단행동을 몇
종류 소개했다. 전체가 보여주는 복잡하고 효율적인 행동이 결
국 개미 한 마리 한 마리가 따르는 단순한 규칙에서 비롯한다는
것이 공통점이었다. 주변의 정보만을 이용해 단순한 행동을 하
는 여럿이 모이면, 전체는 놀라운 행동을 할 수 있다. 자기 등 위
에 올라선 개미가 얼마나 있는지에 따라 제자리에 정지하거나
움직일지를 결정하고, 동료가 남긴 페로몬이 많은 쪽으로 개미
는 이동한다. 이 정도의 단순한 몇 개의 행동 규칙만으로도, 개미
는 시간이 덜 걸리는 효율적인 길을 찾고, 몸을 엮어 다리를 만
들어 골짜기를 건너가고, 뗏목을 만들어 전체가 새로운 이주지
를 찾아간다. 전체 집단의 에너지 소비를 줄이고 노동 현장에서
의 비효율적인 북적임도 줄이기 위해, 일부는 부지런히 일하고
나머지는 게으르게 행동하는 식으로 불공평한 작업량 배분을 하
기도 한다. 이는, 외부 환경의 변화로 집단 전체의 작업량이 늘어
나는 미래의 불확실성에 대비해 평시에 예비 노동력을 확보하는

효율적인 행동으로 해석할 수 있다.

개미 집단이 보여주는 놀라운 효율성의 특징과 개미에게서 우리가 배울 수 있는 점을 정리해보자.

탈중앙화와 자기조직화

개미 집단 전체는 중앙에서 중요한 결정을 내리는 존재 없이 효율적으로 작동한다. 전형적인 탈중앙 복잡계decentralized complex system다. 중앙의 지시 없이도 전체 집단이 스스로를 효율적으로 조직하는 자기조직화self-organization도 보여준다. 현대를 살아가는 우리 인간은 대부분 커다란 조직의 구성원으로 활동한다. 대부분의 사회 조직은 탈중앙의 성격이 아닌 중앙집중적 centralized인 성격을 가진다. 조직의 규모가 커질수록 전체 조직을 유기적으로 연결하는 관리의 비용도 함께 커진다. 출근 시간과 퇴근 시간을 정해 구성원의 노동 시간을 통제하려면, 구성원 모두의 출퇴근 시간을 매일매일 점검하는 일로 월급을 받는 누군가가 필요하다. 만약, 개미 집단이 하듯이 탈중앙의 방식으로 구성원이 자기조직화해 전체의 효율성을 만들어낼 수 있다면, 조직의 관리 비용을 획기적으로 줄일 수 있지 않을까.

관계의 과학

단순한 작업의 유기적 연결

개미 집단 전체가 만들어내는 놀라운 행동의 기원은 결국 개미 한 마리 한 마리가 하는 극도로 단순한 작업의 유기적 연결이다. 전체가 보여주는 행동이 복잡하다고 해서, 구성원 각자가 수행하는 작업이 복잡할 필요는 없다는 교훈을 얻을 수 있다. 20세기 초의 놀라운 산업사회의 출현도 복잡한 작업을 단순한 여러 작업으로 분해하고, 이를 한 줄의 사슬로 연결한 분업식 공장 작업에 도움받은 바가 크다고 한다. 개미 집단이 보여주는 구성원의 유기적 연결은 작업의 효율성 이외의 다른 특징도 있다. 바로 과업 실패 시의 회복성이다. 앞에서 설명하진 않았지만, 개미가 집에서 먹이까지 왕복하는 길을 만들 때, 자세히 보면 개미가 만든 길 안에는 세 줄의 길이 있다고 한다. 세 줄에서 가운데 중앙의 길은 먹이에서 집으로 돌아오는 개미들이, 양쪽의 갓길은 집에서 먹이를 향해 이동하는 개미들이 이용한다. 먹이를 물어 집으로 오는 개미가 실수로 먹이를 놓치더라도 먹이는 길 밖으로 유실되지 않는 방식이다. 개미 집단 안에서 한 구성원의 실수로 생긴 문제는 다른 구성원에 의해 신속히 해결된다.

개미 집단의 행동에서 배운 로봇공학의 새로운 시도가 있다. 군집로봇이라 부른다. 다양하고 복잡한 작업을 수행할 수 있는 여러 기능을 가진 커다란 로봇 대신에, 단순한 작업을 수행하는 여러 작은 로봇을 유기적으로 연결하는 방식이다. 예를 들어, 재난 상황에 로봇을 투입하는 경우를 생각해보면, 커다란 다기능 로봇을 한 대 이용하는 대신에, 서로 정보를 주고받는 단순한 기능의 여러 로봇을 투입하는 것이 더 효율적이다. 로봇 집단의 일부가 작동을 멈추어도 전체는 해야 할 일을 마칠 수 있다.

　날개처럼 생긴 판이 양쪽에 붙어 있어 아주 단순하게 두 날개만 퍼덕이는 동작만 가능한 소형로봇을 이용한 연구도 있다. 연구자들은 이 소형 로봇을 '스마티클smarticle'이라고 불렀다. 로봇 하나는 물리학의 입자particle처럼 아주 단순하지만 여럿이 모이면 영리한smart 행동을 보여줄 수 있다는 뜻으로 붙인 이름으로 보인다. 스마티클 로봇 하나는 제자리에서 날개만 퍼덕일 뿐 다른 행동은 전혀 할 수 없다. 하지만 주변의 다른 스마티클 로봇과 적당한 상호작용을 하게 하면 스마티클로 구성된 작은 군집은 여럿이 좁은 공간에 저절로 모일 수도 있고, 넓은 공간으로 저절로 퍼져 나갈 수도 있다. 더 흥미로운 결과는 적절한 조건에서 전체 스마티클 집단이 한 방향으로 이동할 수도 있게 된다는 것이다. 하나는 다른 장소로 이동할 수 없지만, 여럿이 모이면 특정 방향으로 나아가는 집단행동이 창발한다는 면에서 상당히 흥미로운 결과다. 스마티클 여럿의 집단 이동 현상은 연구자들이 우연히 발견했다는 것도 재밌었다. 스마티클 다섯 대 중 하나의 배터리가 방전되어 멈춘 일이 생겼는데, 이때 전체가 한 방향으로 움직이는 것을 관찰한 거다. 스마티클에 적절한 알고리듬을 탑재해서 군집 전체의 행동을 만들어내는 연구가 진행 중이다.

환경 변화에 대응하는 적응성

개미 집단의 행동을 돌이켜보면, 한 마리 개미는 해야 할 일이 무엇인지조차도 이해하고 있을 필요가 없다. 개미 한 마리는 주변의 정보를 이용해 다음의 행동을 결정하는 단순한 알고리듬이 탑재된 존재로 생각할 수 있다. 수행해야 할 과업이 탑재된 것이 아니라, 단순한 행동 규칙만이 탑재된 존재로서의 이점이 있다. 개미들이 개미집에서 나와 먹이를 구해오기 위해 나갈지 집에 머물지를 결정하는 방식에 대한 연구를 예로 들어보자. 개미가 다른 개미를 만나면 먼저 더듬이를 이용해 접촉한다고 한다. 그런데 먹이를 물어 집으로 돌아오는 개미를 더 많이 더듬이로 탐지하게 되면, 개미집에서 더 많은 개미가 먹이를 물어 오기 위해 출발한다는 것이 알려졌다. 일종의 늘어나는 되먹임positive feedback 현상이다. 목적지에 아직 먹이가 충분히 남아 있는 경우 더 많은 개미가 그곳에서 먹이를 물어 오도록 하는 효율적인 메커니즘이다. 먹이가 남아 있지 않아 더 이상 먹이를 물어 오는 개미가 없게 되면, 개미집에서 먹이를 향해 떠나는 개미도 줄어들게 되는 방식이다. 먹이를 가지러 나갈 가치가 있을 때만 나가고, 먹이가 없으면 쓸데없이 길에서 에너지를 소비하지 않는다. 먹이의 양이라는 외부 환경의 변화에 개미 집단이 보여주는 흥미로운 적응성adaptability이라 할 수 있다. 비슷한 방식이 컴퓨터 통신에 이용되기도 한다. 데이터를 주고받을 수 있을 충분한 대역폭이 확보될 때만 통신을 시작하도록 하는 방식이다.

우리가 개미에게 배울 점

개미의 집단행동에 대해 가능한 한 주관적 의견을 배제하고, 객관적으로 밝혀진 과학자들의 연구 중심으로 소개했다. 그렇다면 기업 등 사회집단에서 개미의 집단행동을 통해 배울 수 있는 것에는 어떤 것들이 있을까? 물리학자 집단에서는 명확한 근거 없이 의견을 글로 적는 것이 금기에 가깝다. 다음 글은 개미의 집단행동에 대한 물리학자인 필자의 관심이 '비과학적'으로 확장된 개인적인 의견에 불과함을 먼저 밝힌다.

개미 집단을 기업 전체로 비유해보자. 기업이 달성하고자 하는 목표와 성과에 도달하는 길은 무척 복잡하다. 목표에 도달하는 복잡한 과정을 단순한 업무의 연결사슬로 치환하는 것이 도움이 된다는 점은 우리가 개미에게서 배울 점이다. 현대 사회의 복잡성에 대처하는 효율적인 방법이 어쩌면 단순성일 수도 있다. 물론 1차원 직선을 따른 업무의 연결사슬은 앞에서 이야기한 '회복성'을 해친다. 개미가 하듯이, 구성원 하나의 실패가 전체의 실패로 이어지지 않도록 연결의 사슬을 설계하는 것이 좋다. 즉, 구성원 혹은 업무의 연결사슬은 '실패'를 가정하고, 일부가 실패해도 전체는 작동하도록 만드는 것이 좋다. 게으른 개미가 일종의 예비 노동력으로 확보되어 있는 개미 집단에게서 배울 점도 있다. 업무가 실패했거나 새로운 업무가 발생할 때, 당장에라도 새로 투입할 수 있는 사람이 있으려면, 평상시 각자의 업무 부담이 과도하지 않아야 한다. 또, 사슬을 구성하는 구성원의 자율성도 중요하다. 개미는 그때그때 딱 정해진 일을 하지 않는다. 주변의 정보를 취합해 그에 가장 적절한 행동을 할 뿐이다. 주변 정보가 변했는데도 똑같은 일을 반복하는 구성원은 전체의 효율성을 낮춘다는 것을 개미 집단은 보여준다. 자율성을 가진 구성원은 주변의 구성원으로부터의 정보에 기반을 두어 자기조직적인 일처리를 할 수도 있다. 과도한 중앙의 개입은 관리비용을 높이고, 자율성을 해쳐, 전체 조직에 해를 끼칠 수 있다.

다음에는 개미 집단 전체가 수행하는 작업을 한 개인이 하는 업무로 비유해보자. 이루고자 하는 커다란 목표가 있을 때, 이를 쉽게 달성할 수 있는 단순한 목표의 연결사슬로 치환하는 것을 개미 집단을 통해 배울 수 있다. 외부환경의 변화에 맞춰 개미 집단이 보여주는 놀라운 적응성의 근거 중 하나는 바로 게으른 개미의 역할이다. 즉, 사슬을 구성하는 단순한 목표는 내가 가진 능력의 일부분만을 투입해도 성취할 수 있도록 설계하는 것이 좋다. 외부 환경의 변화로 간단해 보였던 목표가 성취하기 어려운 목표로 변하는 경우라도, 적응적으로 반응할 수 있게 된다. 일을 수행하는 과정에서 개미는 늘 주변의 동료 개미와 정보를 주고받는다. 내가 하는 일이 아무리 단순하더라도, 주변 동료와의 소통은 도움이 될 수 있다는 이야기도 할 수 있겠다. 내가 아는 정보의 양은 내 주변 10명의 동료가 아는 정보의 양에 비해 적을 수밖에 없기 때문이다.

　　개미가 우리에게 가르쳐준 것은 단순성, 자율성, 적응성이다. 그리고 적당한 여유의 중요성도 함께 가르쳐줬다.

창발 　개별 구성요소는 가지고 있지 않은 새로운 거시적인 특성을 전체가
만들어내는 것이 창발emergence이다. 물 분자 하나는 고체, 액체의
물성을 갖지 못하지만, 모여서 전체를 이루면 딱딱한 얼음, 흐르는
물 같은, 미시적인 물 분자 하나가 갖지 못한 거시적인 특성이 창발
한다. 많은 사람이 함께 사는 사회도 마찬가지다. 새로운 유행이 만
들어져 전파되는 것, 기업을 구성하는 여럿이 협력해 놀라운 상품을
만들어내는 것, 여럿이 합의해 새로운 사회구조를 만들어내는 것 등
사회는 전체로서 놀라운 여러 현상을 창발한다.

관계의 과학

길들여야 할 것은
여우만이 아니다

나는 물리학자다. 물리학자도 독자와 마찬가지다. 붉은 저녁 노을을 보며 감상에 빠지기도 하고, 콘서트홀을 가득 채우는 음악을 들으며 전율하기도 한다. 마음에 드는 그림 앞에서 발걸음을 떼지 못하고 몰입하기도 한다. 어느 쨍한 겨울날, 저 파란 하늘을 하루만 더 볼 수 있어도, 삶이 그래도 이어갈 만한 어떤 것이라는 생각이 들어, 이 순간 살아 있음에 깊은 감사의 마음을 느낀 적도 있다.

클래식 음악을 귀 기울여 듣게 된 것은 대학생 때 '음악의 이해'라는 과목을 수강한 일이 계기가 되었다. 교수님의 조언을 지금도 기억한다. 곡을 하나 고른 후 무조건 반복해 여러 번 들어보라는 충고였다. 브람스 4번 교향곡 1악장을 골랐다. 정말 여러 번 들었다. 지금도 내가 가장 좋아하는 곡 중 하나다. 한 번, 두 번, 횟수를 거듭해 수십 번쯤 들었을 때, 머리에서 발끝까지 내 몸을 관통하는 감동을 처음 느꼈다. 그때 알았다. 아름다움은 대상의 속성이 아니다. 아름다움은 대상과 나 사이의, 사랑과 비슷한 상호작용이다. 내가 준비되었을 때에만 찾아오는 관계 맺음이다. 길들여야 할 것은 여우만이 아니다. 스스로를 길들인 후에야 아름다움은 나를 찾아온다.

고등학교 학기 말, 미술 선생님이 내 스케치북을 찬찬히 살펴보신 적이 있다. 고개를 절레절레 저으며 한 장 한 장 넘기시고는, "아이쿠, 도저히 안 되겠구나. 스케치북 도로 가져가렴." 당연히 미술 실기 점수는 형편없었다. 그림은 지금도 전혀 못 그린다. 내 맘에 드는 그림을 찾아 감탄할 수 있을 정도의 소양을 갖추게 된 것은 아내와의 만남 덕분이다. 그림 좋아하는 여자 친구와 취미를 함께하고자, 곰브리치E. H. Gombrich의 『서양미술사』를 밑줄 그어 가며 공부하듯 읽었고, 인상파 화가를 중심으로 화보집도 모으기 시작했다. 그러다 어느 날 불쑥, 아니 글쎄, 내게도 그림을 보는 취향이 생겼다는 것을 느꼈다. 그날 이후, 그림이라고 다 같은 그림이 아니었다. 내 맘에 들어 넋 놓고 계속 보게 되는 그림들도, 다른 이가 아무리 명화라 해도, 내게는 영 별로인 그림들도 생겼다. 음악이든 그림이든, 아름다움은 결국 누적된 체험의 결과다. 준비된 사람만 대상에서 아름다움을 느낄 수 있다. 각자의 누적된 체험이 다르니, 아름다움은 서로 비교할 수 없

관계의 과학

다는 것도 알게 되었다. 내게 아름답다고 남들에게도 그럴 이유 전혀 없고, 모두가 감탄하는 명작에 공명하지 못한다고 스스로를 탓할 이유도 없다. 루브르에서 멀리서 본 모나리자는 지금 떠올려도 영 별로다.

물리학도 아름답다. 음악이나 그림과 마찬가지로, 물리학의 아름다움도 친해져야 드러난다. 친해지는 과정도 별반 다르지 않다. 긴 시간을 보내며, 선배 물리학자들이 만들어낸 이론체계에 스스로를 길들여야 한다. 수행승의 득도 정도로 어려운 것은 전혀 아니다. 빤짝빤짝 깨달음의 순간들이 계단으로 이어져 지루할 틈이 없다. 뉴턴 운동법칙의 결정론적 성격을 깨달아 깜짝 놀라기도, 시공간의 대칭성으로 보존 법칙이 정해진다는 것을 처음 알고는 등골이 오싹하는 전율을 느끼기도 했다. 엔트로피 증가의 법칙의 자명함을 처음 깨달았던 순간, 수소 원자의 바닥상태 에너지를 처음 구했을 때의 감동은 지금도 생생하다.

베토벤이라고 그림에서 아름다움을 못 느낄 리 없고, 현대 유명 화가도 오페라 아리아를 들으며 눈물을 흘린다. 물리학자도 마찬가지다. 다른 모든 이와 마찬가지로 온갖 것에서 아름다움을 느끼고 감동을 한다. 물리학자로서의 장점도 있다. 붉은 노을과 쪽빛 가을 하늘, 전혀 다른 하늘의 이 두 색을, 공기 중에서의 빛의 산란으로 동시에 이해할 수 있다. 이러한 깨달음은 이전에 느꼈던 자연의 아름다움을 조금도 해치지 않는다. 거꾸로다. 오히려 아름다움을 훨씬 더 경이롭게 만든다. 한쪽 눈으로만 보는 아름다움보다, 두 눈으로 보는 아름다움이 더 풍성하듯이 말이다. 과학은 세상의 여전한 아름다움의 다른 면도 보여주는, 또하나의 눈이다.

관계의 과학

우리 모두는
공기 안에서 살아간다

우리 모두는 공기 안에서 살아간다. 공기가 없으면 얼마 살지 못한다. 질소와 산소가 주성분인 공기가 지구 표면을 둘러싼 높이는 사실 얼마 되지 않는다. 비행기가 보통 10km 정도보다 낮은 고도로 나는 이유다. 더 올라가면, 공기가 날개를 위로 미는 힘인 양력이 약해지고, 연료를 태울 때 필요한 산소의 양도 줄어, 비행기가 날기 어려워진다. 비행기 고도 10km를 지구 반지름 6,400km와 비교해보라. 지구 밖에서 보면, 커다란 지구를 둘러싼 공기는 얇은 막처럼 보일 거다. 지구가 달걀 크기라면, 삶은 달걀의 흰자위를 둘러싼 얇은 막 정도가 지구를 둘러싼 공기의 두께가 된다. 우리는 이 얇디얇은 막 속에서 평생을 사는 셈이다.

보통 일상에서는 무게와 질량을 명확히 구분해 사용하지 않지만, 둘은 엄연히 다른 양이다. 몸무게가 60kg인 사람이 달에 가면 몸무게가 1/6로 줄어 10kg이 되지만, 질량은 여전히 60kg이다. 달에 가면 이 사람의 몸무게는 한 살짜리 아이 정도에 불과하니 내가 번쩍 위로 들 수도 있지만, 이 사람이 달려오다 나와 부딪칠 때 내가 느끼는 충격은 지구에서와 정확히 같다. 달려오는 성인 어른과 부딪칠 때의 충격을 느끼게 된다. 일상에서 잘 쓰지 않지만, 힘의 한 종류인 무게의 정확한 단위는 'kg'이 아니라 사실 'kg중'이다. 'kg'은 무게의 단위가 아닌 질량의 단위다. 지구에서나 달에서나 이 사람의 질량은 변함없이 60kg이지만, 몸무게는 지구에서는 60kg중, 달에서는 10kg중이 된다.

지구가 워낙 크다 보니 지구를 얇은 막처럼 둘러싼 공기도 엄청난 질량을 가진다. 중력의 영향으로 지구 중심을 향한 공기 전체 무게도 엄청나다. '비어 있다'라는 뜻의 한자인 공空을 적어 공기라고 하지만 사실 공기는 전혀 비어 있지 않다. 무게가 있다. 기체인 공기나 액체인 물과 같은 유체의 경우, 힘보다는 압력을 살피는 것이 편하다. 압력은 힘을 면적으로 나눈 값이다. 공기가 독자의 몸에 작용하는 압력은 사실 상당히 크다. 손바닥을 펴고 손바닥 위에 가로세로 1cm인 작은 네모를 그려보자(1cm는 새끼손가락의 너비 정도다). 그 작은 네모에 공기가 중력으로 만들어 내는 힘은 대략 1kg 질량의 물체가 그 위를 누르고 있는 정도다. 1리터들이 음료수가 가득 든 페트병이 그 손톱만 한 좁은 면적 위에 올려져 있다는 뜻이다. 손바닥 전체 면적이 $60cm^2$라면 우

관계의 과학

리 모두는 한쪽 손바닥에 몸무게 60kg중인 사람 한 명씩을 들고 있는 셈이다. 양손에 120kg중. 그런데 왜 힘들지 않을까? 유체인 공기는 손바닥뿐 아니라, 손등 쪽이나 손의 옆이나, 모든 방향에서 같은 크기의 힘을 주기 때문이다. 공기의 압력은 모든 방향에서 동시에 손에 작용하니, 위로 향한 손바닥을 위에서 아래로 미는 힘은 손등을 아래에서 위로 미는 힘과 정확히 상쇄된다. 이처럼 우리 몸의 피부에는 $1cm^2$의 면적당 $1kg$중의 무게에 해당하는 압력이 모든 방향에서 작용하고 있다.

지표면 부근에서의 대기 압력인 1기압은 물 10m에 해당한다고 기억하면 된다. 면적 $1cm^2$, 높이 10m인 물기둥의 질량을 물의 밀도 $1g/cm^3$를 이용해 계산하면 1kg이 되기 때문이다. 한쪽이 막힌 아주 기다란 유리관을 수영장에 풍덩 빠뜨려 물로 유리관 안을 가득 채웠다고 해보자. 막힌 쪽을 위로 해서 수영장 밖으로 유리관을 수직으로 세우면, 유리관 안의 물은 수면으로부터 10m의 높이까지만 올라간다. 수영장의 수면을 지구의 공기가 1기압의 압력으로 아래로 누르고 있기 때문이다. 이와 비슷한 실험을 처음 한 사람은 토리첼리Evangelista Torricelli였다. 사실 토리첼리는 물보다 밀도가 훨씬 큰 수은을 가지고 실험했다 (수은의 위험성이 알려지기 전이었다). 1기압에서 물이 아닌 수은을 가지고 같은 실험을 하면 수은 기둥의 높이는 76cm다. 원소기호가 Hg인 수은이 76cm=760mm의 높이까지 올라가므로 1기압을 760mmHg로 적기도 한다. 토리첼리의 실험은 진공의 존재를 확인했다는 점에서도 중요하다. 똑바로 세운 유리관 안의 높이 76cm인 수은 기둥 위에는 아무것도 없는 빈 공간이 보인다. 유리관을 세우기 전에는 액체 수은으로 가득한 곳이었으니, 그 빈 공간을 투명한 기체인 공기가 채운 것도 아니다. 정말로, 진짜로, 빈 곳일 수밖에 없다. 바로 참된 빈 곳, '진공眞空'을 눈으로 직접 응시할 수 있게 해준 실험이다. 토리첼리는 진공이 존재한다는 것을, 즉, '아무것도 없음'이 존재한다는 것을 명확히 보여주었다.

깊은 웅덩이에 있는 물을 위로 퍼 올릴 때는 양수기를 쓴다. 양수기의 원리는 우리가 음료수를 마실 때 빨대를 쓰는 것과 정확히 같다. 빨대의 한쪽 끝을 시원한 음료가 들어 있는 병 안에 넣고 반대쪽 끝을 입으로 문 다음에 우리가 하는 일이 바로 입안의 압력을 낮추는 거다. 음료수 쪽의 압력은 1기압인데 입안의 압력이 이보다 낮으면 음료수는 빨대를 따라 입안으로 밀려 들어오게 된다. 아무리 힘이 좋은 사람이라도 입안의 압력을 0기압까지 낮출 수는 절대로 없다. 크립톤 행성이라면 어떨지 모르지만 지구에서라면, 제아무리 슈퍼맨이라도 10m 아래에 있는 음료수를 빨대로는 절대로 마실 수 없다. 슈퍼맨이 아무리 힘이 세도 자기 입안의 압력을 음(-)의 값으로 만들 수는 없으니 슈퍼맨이 문 빨대 양쪽의 압력 차는 1기압보다 클 수 없기 때문이다. 양수기도 마찬가지다. 양수기에 아무리 성능이 좋은 전동기를 사용하더라도 10m보다 아래에 있는 물을 퍼 올릴 수는 없다. 고층 아파트의 꼭대기에 수돗물을 공급할 때는 물론 다른 방법을 쓴다. 빈 관을 연결하고 건물 꼭대기에서 관 안의 압력을 낮추는 방법으로는 절대로 10m 높이 이상으로 수돗물을 공급할 수 없지만, 만약 건물의 아래에서 높은 압력으로 물을 누르면 아무리 높은 고층빌딩이라도 꼭대기에 수돗물을 공급할 수 있다. 위의 압력을 낮추는 것이 아니라 아래의 압력을 높이는 거다. 아무리 낮추어도 0기압보다 더 낮은 압력을 만들 수는 없지만, 높은 압력은 얼마든지 만들 수 있기 때문이다.

우리의 몸을 사방에서 큰 힘으로 누르는 공기의 압력은 늘 있지만, 우린 이를 평상시에는 전혀 느끼지 못한다. 그 이유는 바로 우리 몸의 내부에서도 밖을 향해 같은 크기의 압력이 작용하고 있기 때문이다. 진화를 통해 생명체가 지구 위의 환경에 적응했다는 것을 생각하면 설명할 필요도 없는 자명한 사실이다. 만약 지구 위의 대기 압력이 1기압이 아니라 10기압이었다면 우리 몸 안에서 피부의 밖을 향해 미는 압력도 10기압이 되었을 거다. 피부라는, 얇다면 얇은 막을 사이에 두고 두 압력이 같은 크기로 작용하기 때문에 우리 몸이 지금 이 모습을 유지하는 거다. 만약 갑자기 외부의 공기 압력이 줄면 어떻게 될까? 외부에서 안쪽을 향해 작용하는 압력이 줄면 우리 몸의 내부에서 밖을 향하는 압력이 상대적으로 더 크게 되므로 우리 몸은 밖으로 팽창한다. 1990년에 개봉한 흥미로운 SF영화 〈토탈리콜〉의 끝부분에, 대기압이 낮은 화성 표면에 나동그라진 주인공의 얼굴을 보여주는 유명한 장면이 있다. 주인공의 눈이 밖으로 돌출하는 모습을 실감나게 보여주었다. 몸 안과 밖의 압력 차이 때문에 생길 수 있는 일이다. 영화가 아닌 우리 일상에서도 몸 안팎의 압력 차이를 간혹 느낄 수 있다. 비행기를 타고 높이 날거나, 자동차를 타고 높은 고개를 넘을 때, 귀가 멍멍해지는 경험을 한다. 또, 높은 고도의 낮은 압력에 우리 몸이 이미 적응한 후, 비행기가 착륙하려 다시 지면 근처로 내려오면 귀에 통증을 느끼곤 한다. 같은 이유다. 안팎의 압력 차이로 고통을 느낀다.

압력은 꼭 물리학이 아니라도 우리가 자주 쓰는 말이다. 과거, 블랙리스트를 만들어 그 목록에 들어 있는 단체나 개인에게 불이익을 주는 일이 우리 사회에서 벌어지고는 했다. 평가나 심사에 참여하는 이들에게 압력을 행사해 블랙리스트에 등재되어 있는 단체나 개인을 차별했다. 이런 외부의 압력에 맞서 균형을 맞출 힘이 우리 안에 없을 때, 누군가는 고통을 겪는다. 사회에서의 압력은 대부분 힘 있는 쪽에서 없는 쪽을 향하게 마련이다. 양쪽의 압력 차이를 버틸 수 있는 튼튼한 가름막을 마련해 힘없는 이들을 보호하려는 노력은 계속되어야 한다.

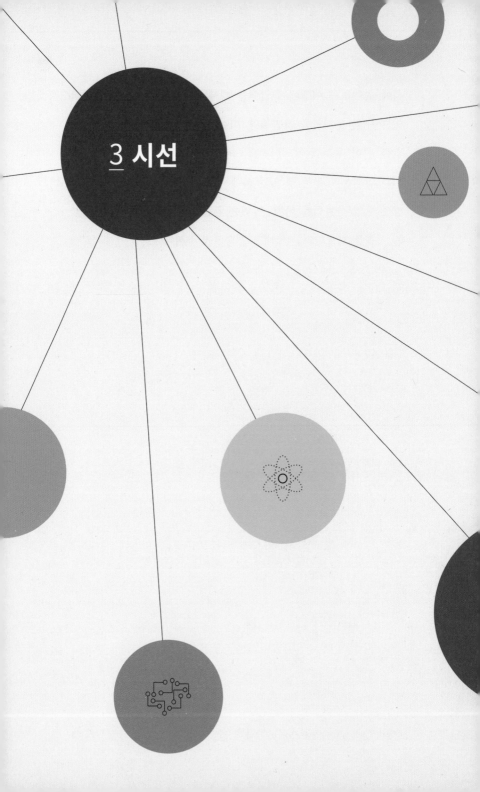

3 시선

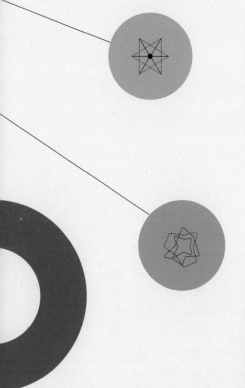

무엇으로
전체를
읽을 것인가

과학은 세상을 보는 하나의 시선이다. 과학의 시선은 회의와 의심의 시선이다. 내가 아닌 다른 이도 같은 것을 보는지, 끊임없이 성찰한다. 만약 다르게 보면, 시선의 어떤 차이가 다름을 만드는지도 고민하고 토론한다. 더 나은 시선에 합의해 다음에는 더 잘 보기 위함이다. 인류가 함께 찾아낸 과학의 시선은 영원한 현재 진행형이다. 모든 것을 남김없이 볼 수 있는 것도 아니고, 세상을 더 잘 보는 새로운 시선이 미래에 얼마든지 등장할 수도 있다. 과학은, 믿을 수 있어서가 아니라, 의심할 수 있어 가치 있는 시선이다.

우리 모두의 가슴속에는 나무가 산다

한반도는 북쪽을 제외한 삼면이 모두 바다로 둘러싸여 있다. 해안선도 참 길다. 도보 여행으로 한반도의 해변을 따라 걷는다고 해보자. 한반도를 빙 둘러 타박타박 걸으면서 잰 전체 해안선의 길이는 얼마나 될까? 많은 사람들이 전체 해안선의 길이는 누가 재든 다른 값이 나올 리는 없으니 답이 하나로 정해져 있다고 생각할지 모르겠다. 사실 이 문제에는 놀랍게도 정답이 없다.

길이를 잴 때 우리 선조들은 '잣대'를 이용했다. 잣대는 길이가 한 자로 딱 정해져 있는 나무 막대를 일컫는 말이다. 잣대를 옮겨 가면서 재고자 하는 길이가 몇 자에 해당하는지를 쟀다.

한 자가 아닌, 이보다 더 길고 짧은 나무 막대를 여럿 만들어놓고 각각을 기준 잣대로 활용해 길이를 재면 더 편리할 수 있다. 100m 달리기를 하려면, 직선 모양의 100m 달리기 구간을 먼저 정해야 한다. 100m를 1m짜리 잣대로 재서 정하려면 잣대를 100번 옮기며 재야 하지만, 10m짜리 잣대로 재면 10번이면 잴 수 있다. 그렇다면, 구불구불한 한반도의 해안선을 따라 상상의 도보 여행을 하며 해안선의 길이를 재려면 어떤 잣대가 필요할까? 먼저, 1km인 막대자를 잣대로 이용해 해안선을 잰다고 상상해보자. 길이가 1km인 잣대로는 100m 폭으로 육지에서 바다로 튀어나온 해안선을 재지 못한다. 구불구불한 해안선을 정확히 재기 위해서는 좀 더 짧은 막대자를 잣대로 이용해야 한다. 100m 길이의 잣대를 이용한다면, 해안선의 길이는 1km 잣대로 쟀을 때보다 늘어난다. 1km 잣대로 잴 때 어쩔 수 없이 건너뛰고 무시했던 해안선의 요철 부분을 이제 잴 수 있기 때문이다. 하지만 100m 잣대로도 10m 정도 폭으로 굽어진 해안선은 여전히 잴 수 없다. 그렇다면 잣대의 길이를 점점 줄여 아주 작게 만든 후에야 해안선 전체의 길이를 정확히 재는 게 가능할까? 문제가 있다. 잣대가 줄어 10cm가 되면 이제 바닷가 작은 바위의 둘레까지도 포함해 재게 되고, 잣대가 더 줄어 1cm가 되면 이젠 조약돌까지도 재게 된다. 더 줄여 1mm가 되면 모래 한 알까지도. 계속 잣대를 줄여나가다 보면 결국은 모래를 구성하는 원자까지도 구불구불 잣대를 움직이며 재야 한다. 이처럼 잣대의 길이를 0에 가깝게 점점 줄여가면서 더 작은 규모까지도 정확하게 측정하려면, 결국 "우리나라 해안선의 길이는 무한대"라는 답을 얻게 된다. 정말로 현실의 물질로 잣대를 만든다면 잣대의 길이가 원자의 크기보다 작을 수는 없어 정말로 무한대의 값이 나오지는 않겠지만, 어쨌든 상상할 수 없을 정도로 엄청난 길이가 얻어진다.

해안선과 같이, 구불구불한 모양이 크고 작은 다양한 규모(작은 모래알에서 수 킬로미터의 곶까지)로 되풀이되는 경우, 전체의 길이는 놀랍게도 답이 하나로 주어져 있지 않다. 누가 우리나라 해안선의 길이가 얼마나 되는지 물으면, 답하기 전에 먼저 잣대의 길이를 되물어봐야 한다는 뜻이다. 해안선뿐이 아니다. 이처럼 잣대를 바꾸면 전체의 길이나 면적이 변하는 것들이 자연에는 참 많다. 이런 기하학적인 구조를 '프랙탈fractal(혹은 쪽거리)'이라 한다. 수학적인 프랙탈은 유한(땅의 면적) 안에 무한(해안선의 길이)을 구현한다.

구불구불한 해안선이 아니라, 만약 한 줄로 쭉 뻗은 곧은 직선 도로라면 당연히 재기 쉽다. 곧게 뻗은 직진 구간 1km의 도로는, 만약 우리가 정확히 도로가 난 방향을 따라 잰다면, 100m 잣대로 재든, 10m나 1m 길이의 잣대로 재든 전체 도로의 길이는 항상 같다(1km는 100m 잣대로는 10개, 10m 잣대로는 100개에 해당하지만 전체 길이는 100m×10=10m×100=1,000m로 어떤 잣대로 재도 전체 도로의 길이가 같다). 자, 도로의 길이를 재는 잣대 하나의 길이를 a라 하고, 주어진 도로가 잣대 몇 개에 해당하는지를 N으로 적어보자. 100m 잣대 10개(a=100, N=10)나 10m 잣대 100개(a=10, N=100)나 둘 모두 a와 N을 곱하면 1,000으로 값이 일정하다는 것을 쉽게 알 수 있다. 이처럼 곧게 뻗은 도로의 길이는, 잣대가 얼마나 긴지와 상관없이 항상 a와 N을 곱한 값이 일정해서 '$a \times N$=상수'가 된다. 이 식의 왼쪽에 a의 제곱(a^2)이나 a의 세제곱(a^3)이 아니라 그냥 $a(=a^1)$가 등장한다는 것이 중요하다. 곧은 길이 1차원인 이유는 이 식의 왼쪽을 $a^d N$의 꼴로 적으면 d=1이기 때문이다.

책상 위에 놓인 종이처럼 2차원인 물체를 생각하자. 이 종이를 모두 덮으려면 가로세로가 각각 a인 정사각형이 몇 개 필요할까. 작은 정사각형 하나의 면적은 가로 곱하기 세로이니 $a \times a = a^2$이라서, 정사각형 N개의 전체 면적은 $a^2 N$이고 이 값이 종이 전체의 면적과 같아 일정($a^2 N$=상수=$a^d N$)하므로, d=2임을 쉽게 알

관계의 과학

수 있다. 즉, 책상 위 종이는 2차원이다. 책상 위에 이번에는 정육면체 모양의 치즈 덩어리가 있다고 생각해보자. 같은 방법으로 계산을 하면 '$a^3N=상수$'이므로 치즈 덩어리는 3차원 물체다. 앞에서 이야기한 우리나라의 해안선은 잣대의 길이를 줄이면 전체 해안선을 덮는 잣대의 개수가 $1/a$보다 더 빨리 증가해 해안선의 차원은 1보다는 큰 값이다. 그렇다고 해서 해안선이 2차원의 평면을 가득 채우는 그런 구조는 아니다. 해안선의 차원은 1과 2 사이일 것이라고 예측할 수 있다. 이처럼 프랙탈은 정수가 아닌 실수의 차원을 가진다. 해안선이 복잡하지 않은 동해안보다 해안선이 들쑥날쑥 구불구불하고 복잡한 남해안이 아마도 더 큰 프랙탈 차원을 가질 것으로 예상할 수 있다.

2002년 물리학자 김상훈 교수가 한국물리학회에서 발간하는 우리말 학술지인 《새물리》에 흥미로운 논문 하나를 출판했다. 바로 우리나라 다도해 지역 여기저기 흩어져 있는 여러 섬들의 프랙탈 차원이 얼마인지 살핀 논문이다. 섬들이 모두 빈틈없이 다닥다닥 서로 이어져 있다면 2차원이 될 것이다. 만약 크고 작은 섬들이 한 줄로만 죽 늘어서 있다면, 1차원이 될 것이다. 당연히 지도를 보면 다도해의 크고 작은 많은 섬들은 여기저기 넓은 영역에 흩뿌려진 형태로 있다. 김상훈 교수가 프랙탈 차원을 알아보기 위해 사용한 방법은 아주 흥미롭다. 앞에서 이야기한 잣대의 역할을 할 도구로 우리나라에서 사용되는 크기가 다른 네 개의 동전(500원, 100원, 50원, 10원)을 이용한 거다. 지도를 펼쳐 놓고 남해의 섬들을 남김없이 모두 덮으려면 몇 개의 동전이 필요한지를 500원, 100원, 50원, 10원의 동전으로 바꿔가면서 세어보았다. 각 동전의 지름을 재서 이를 a로 이용하고, 각각의 동전이 섬들을 모두 덮기 위해 몇 개가 필요한지 세어 N을 얻었다. 이렇게 해서 '$a^d N$=상수'에서 d를 얻어보니, 우리나라 다도해의 섬들은 1.63차원의 프랙탈 모양으로 흩뿌려져 있음을 알 수 있었다. 지도와 동전, 그리고 좋은 아이디어만 있다면, 누구나 따라 구해볼 수 있는 우리나라 다도해의 프랙탈 차원이다.

학술지 《네이처Nature》에 1999년에 출판된, 추상화가 잭슨 폴록Paul Jackson Pollock의 그림을 앞에 설명한 김상훈 교수와 비슷한 방법으로 분석한 논문이 있다. 잭슨 폴록의 초기 그림의 차원은 1차원에 가깝지만 그의 후기 그림으로 갈수록 차원이 늘어나 1.72 정도의 값을 가진다는 결론이 소개되었다(잭슨 폴록의 그림이 정말로 프랙탈의 구조를 가지는지에 대한 논란이 있긴 했다). 즉, 초기에는 직선들이 주로 보이는 구조에서 시작해, 시간이 흐르면서 점점 더 화폭을 촘촘히 채워갔다는 뜻이다. 2015년 카이스

관계의 과학

트 물리학과 정하웅 교수의 연구그룹에서 출판한 논문도 있다. 컴퓨터 화면에 표현되는 그림 하나하나의 화소는 빨강(R), 초록(G), 그리고 파랑(B)이 각각 얼마나 들어 있는지를 (R, G, B)의 형태로 적을 수 있다. 그림들에 들어 있는 모든 화소를 이 3차원 공간에 표시하고, 이 점들의 분포를 이용해 프랙탈 차원을 계산해볼 수 있다. 정하웅 교수는 서양 미술사의 여러 사조의 그림들을 RGB 공간에서 그 색채를 표현하고 이 3차원 색채 공간에서의 프랙탈 차원을 계산해 서양 미술사를 물리학의 방법으로 정리·요약하기도 했다. 중세의 그림은 약 2.4차원이었고 이후 2.6~2.8차원으로 변했음을 보였다.

해안선은 유한한 국토 면적 안에 무한한 길이를 가진다. 이는 나무가 왜 나무 모양tree structure인지와도 관련된다. 여름에 나무가 가지를 드리워 시원한 그늘을 만드는 것이 그 아래에서 쉬는 사람을 위한 것이라는 설명은 유치원생에게나 통한다. 우리의 바람과는 달리 자연은 사람에게 무심하다. 당연히 그늘은 우리 사람이 아니라 나무 자신을 위한 거다. 단 한 줄기의 햇빛도 아래로 지나쳐 보내지 않고, 가능한 한 모든 햇빛을 자기의 잎으로 받아들이는 것이 나무에게는 당연히 유리하다. 유한한 부피를 가지는 전체 가지를 이용해서 가능한 한 가장 넓은 면적을 만드는 것이 나무의 진화 방향이었을 것은 자명하다. 나무의 뿌리도 마찬가지로 뒤집혀진 나무 모양이다. 가능한 한 적은 부피의 뿌리를 이용해 가능한 한 넓은 면적의 땅에 접촉해 양분과 물을 흡수하는 것이 유리했기 때문이다. 사람 몸 안의 허파에는 또 많은 공기가 통하는 관들이 있다. 이런 굵고 가는 기관들의 구조가 또 나무 모양이어서 전체 면적을 구하면 테니스장의 면적과 비슷할 정도로 크다. 나뭇가지나 나무뿌리나 허파 안의 기관이나, 그리고 사람 몸에 퍼져 있는 혈관의 구조까지도 모두 프랙탈이다. 우리 모두의 가슴속에는 나무가 산다.

프랙탈   반듯한 정사각형은 모든 변의 길이를 똑같이 2배로 늘리면 전체 면적은 4배가 된다. 2를 두 번 곱해서 4가 되기 때문이다. 한편 정육면체는 변의 길이를 2배로 늘리면, 전체 부피는 $2 \times 2 \times 2$로, 2를 세 번 곱해 8이 되어 8배다. 이처럼 물체의 차원은 길이를 몇 번 곱해야 전체의 양이 되는지를 이용해 잴 수 있다. 정사각형은 2차원, 정육면체는 3차원 물체다. 자연에는 길이를 2배로 할 때, 전체의 양이 2나 3처럼 딱 떨어지는 정수가 아닌 2.3처럼 실수의 승수로 변하는 것들이 있다. 해안선의 전체 길이, 다도해에 늘어서 있는 전체 섬의 분포 등이 그렇다. 이런 기하학적인 모양을 프랙탈 혹은 쪽거리라 부른다. 프랙탈은 부분을 확대해서 보면 전체를 닮았다. 이를 프랙탈의 자기 유사성self-similarity이라 한다.

암흑물질

광장의 촛불, 보이는 게 전부는 아니다

2016년 10월 말부터 한동안, 주말 광화문 광장에는 많은 사람들이 모였다. 2019년에도 검찰개혁을 바라는 많은 이들은 서초동에, 법무부 장관의 사퇴를 주장하는 많은 이들은 광화문에 모였다. 대규모의 군중집회가 열리면 과연 얼마나 많은 이들이 함께했는지가 큰 관심을 끈다. 집회를 주최한 쪽에서 발표하는 참가자 수는, 그 집회의 주장에 동의하지 않는 사람이 얘기하는 숫자와 다를 때가 많다. 집회 주최 측이 발표한 참가자 수가 경찰이 집계해 발표한 숫자보다 몇 배 이상 더 많은 경우가 과거에 자주 있었다. 경찰의 집계와 주최 측의 발표 사이에 커다란 차이가 발생하는 이유는 무엇일까?

시작은 성균관대 원병묵 교수였다. 원 교수는 3차 촛불 집회 다음 날인 2016년 11월 13일 누리 소통망 페이스북에 글을 올렸다. 경찰 측 추산 참가 인원 26만과 주최 측 추산 인원 100만을 비교하면서 그 차이의 원인을 진단했다. 경찰이 계산에 이용하는 집회 참가자의 밀도(한 평 안에 있는 사람 수)가 실제보다 작다는 점, 그리고 경찰은 한순간에 광장에 있는 사람의 수를 세는 반면, 주최 측은 당일 집회에 다녀간 모든 사람을 센다는 면에서 다르다는 점을 지적했다. 또한, 집회 참가자 수를 계산할 때는 광장에 오래 머무는 '고정인구'도 중요하지만, '유동인구'도 그에 못지않게 중요하다는 것을 강조했다. 집회 참가자가 평균 2시간을 머물다 떠난다고 가정하고 경찰에서 이용하는 밀도보다 좀 더 현실적인 밀도를 이용하면 거의 주최 측의 추산과 비슷한 100만 정도의 집회 참가 인원을 추정할 수 있다는 결론이었다.

김상욱 교수도 추정치를 발표했다. 김 교수는 순간 최대 참가 인원을 38만으로, 그리고 평균 집회 참가 시간이 집회의 전체 지속 시간보다 짧다는 것을 생각하면 57만 정도를 총 집회 참가 인원으로 추정할 수 있다고 했다. 한편, 김재광 교수는 서울시에서 발표한 지하철 이용객수를 이용하여 83만 정도로 총 참가자 수를 추산했다. 이 문제가 대중의 큰 관심을 끌게 된 결정적인 계기는 박인규 교수의 11월 22일 페이스북 글이었다. 박 교수는 집회 당시 집회 사진에서 촛불의 수를 직접 세는 컴퓨터 프로그램을 단 몇 시간 만에 만들어냈다. 촛불을 들지 않아 사진에 보이지 않는 사람을 물리학 용어인 암흑물질(전자기 상호작용을 하지 않아 직접 관찰되지는 않지만 질량을 가지는 물질)이라 재미있게 부르면서, 촛불 집회의 암흑물질의 비율을 잠실경기장의 크기와 수용인원을 고려해 추산하기도 했다. 박 교수가 제시한 3차 촛불 집회의 최대 순간 참여자는 50만~70만인데, 유동인구를 고려하면, 집회 측 발표 100만과 부합하는 결과라 할 수 있었다. 박인규, 원병묵 교수의 집회 참가자 수의 과학적 추정은 한동안 여러 언론과 방송에 매일같이 소개되며 대중의 큰 관심을 끌었고, 심지어 11월 25일에는 해외 언론에도 소개되었다.

당시, 집회 참가자 수의 과학적인 추정에 관심을 보인 분들이 많았다. 원병묵, 김상욱, 김재광, 박인규, 권영균, 이강환, 황호성, 장원철, 이준환, 류홍서, 성언창, 홍성욱 등 여러 분들과 함께 활발한 토론을 진행하면서, 5차 집회 때의 촛불집회 참가자 수를 과학적으로 추정해보는 일을 진행했다. 한 방송사의 설문조사를 통해 지하철 하차객 중 집회 참가자의 비율은 92.3%, 그리고 집회 참가자 중 지하철 이용비율은 77.4%임을 알 수 있었다. 광화문 인근 12개 지하철역 하차객 수가 75만 명이었음을 이용해 권영균 교수는 5차 집회 참가자 수로 90만 명을 추산했다. 류홍서 교수는 집회 참가자의 비율이 시간에 따라 변할 수 있다는 것을 감안해 56만~63만을 추정치로 제시했고, 5차 집회 참가자 수로 원병묵 교수는 79만~132만을 제시했다. 여러 장소에서 촬영한 집회 사진을 분석하는 일은 박인규 교수의 몫이었다. 본인의 프로그램을 이용해 촛불을 든 사람의 숫자를 세고, 암흑물질의 비율을 이용해 순간 참가 인원으로 43만, 유동인구를 반영한 총 참가 인원으로 86만~129만을 제시했다.

많은 사람들이 관심을 가졌던, 광화문 광장의 촛불 집회 참가자 수를 과학적으로 추정해본 작은 프로젝트는 이렇게 마무리되었다. 같은 문제라도 여럿이 함께하면 얼마든지 다양한 과학적 방법론이 적용될 수 있다는 것을 깨달았다. 내부에서 진행되었던, 가끔은 격렬한, 대개는 즐거운 토론을 통해서도 많은 것을 배울 수 있었다. 방법에 따라 차이는 있지만 5차 촛불 집회의 전체 참가자 수는 경찰 발표의 27만보다는 상당히 많아서 50만보다 적었을 가능성은 거의 0에 가깝다는 것이 참여한 모든 과학자의 일치된 결론이었다. 물론 집회 주최 측에서 발표한 150만보다 더 많았을 가능성을 완전히 배제할 수는 없지만, 아마도 130

관계의 과학

만을 넘지는 않았을 것으로 보인다. 사실 이번 프로젝트를 통해서 내가 하고 싶었던 것 중 하나는 숫자 하나가 아닌 추정치의 범위를 제시하는 것이었다. 오차의 범위가 너무 커 명확한 숫자로 좁혀 이야기하지 못한 것은 아쉬움이 크다. 여러 과학자와 함께한 2016년 말 일주일 동안의 촛불세기 공동 프로젝트처럼, 우리 사회 현실의 문제에 더 많은 과학자가 더 큰 관심을 갖기를 바란다.

광화문 광장의 촛불세기 프로젝트에서, 촛불을 들지 않아 사진 분석으로는 그 존재를 알 수 없는 암흑물질과 같은 이들의 존재가 나는 가장 인상 깊었다. 눈에 보이지 않는다고 없는 것이 아니다. 우리 사회의 곳곳에도 이런 이들이 있다. 우리 사회의 소수자들은 눈에 잘 띄지 않고, 이들의 목소리는 힘이 없어 잘 들리지 않는다. 눈에 잘 띄지 않는 이들의 연약한 목소리를 듣기 위해서는 우리 모두의 적극적인 노력이 필요한 것이 아닐까.

암흑물질　은하의 변방에 있는 별들은 더 안쪽에 있는 다른 많은 별이 만들어내는 중력의 영향으로 은하의 중앙을 중심으로 공전한다. 한 별의 공전 속도를 측정하면 더 안쪽에 있는 다른 물질의 전체 질량을 추산할 수 있다. 천체관측을 통해, 은하 안에는 빛과 같은 전자기상호작용을 통해 우리가 직접 볼 수 있는 물질 이외에도 볼 수 없는 물질이 아주 많다는 것이 알려졌다. 암흑물질은 바로 이처럼 중력 상호작용은 해도 다른 상호작용은 거의 하지 않는, 아직 자세한 이해가 이뤄지지 않은 물질이다. 어두운 물질이라기보다는 투명한 물질에 더 가깝다. 우리 우주는, 팽창에 큰 영향을 미치는 암흑에너지(70%), 암흑물질(25%), 그리고 우리가 익숙한 보통의 물질(5%)로 구성되어 있다. 우리가 아직 모르는 것이 우주의 대부분인 95%다.

정확히 알려면 다르게 읽어야 한다

제7회 지방선거가 2018년 6월 13일에 실시되었다. 당시의 여론조사 결과의 예측대로, 여당이 압도적인 승리를 거둔 선거였다. 모두 17석인 광역자치단체장은 더불어민주당이 14석, 자유한국당이 2석을 가져갔고, 무소속이 한 곳에서 당선되었다. 기초자치단체장 226석은 더불어민주당 151, 자유한국당 53, 민주평화당 5, 그리고 무소속 17로 나뉘었고, 바른미래당은 단 1석도 얻지 못했다.

대부분의 언론에서 선거 결과를 표시할 때 주로 우리나라의 실제 지도 위에 각 정당의 상징 색을 입히는 식으로 그림을 그린다. 다른 방식으로 지도를 그리는 것도 가능하다. 바로 카토그램, 즉 인구비례지도cartogram라 불리는 방식이다. 각 지역마다 인구가 크게 달라서, 실제의 지도 위에 정보를 표시하면 일종의 착시로 그 결과가 왜곡되어 보이는 것을 보정하는 방법이다. 서울의 인구수는 1,000만 명에 육박한다. 인구수 기준으로는 전체의 20%를 차지하지만 면적 기준으로는 남한 전체의 0.6%에 불과하다. 실제 지도 위에 서울에 해당하는 부분을 선거 결과에 따라 하나의 정당 색으로 표시하면, 인구수를 고려하지 못해 실제 선거 결과보다 과소평가된 것을 보게 되는 셈이다. 인구비례지도는 지도상의 서울 면적을 서울의 인구에 비례하게 그리는 방법이다. 서울의 면적은 남한 전체의 20% 정도로 표시되고, 서울, 인천, 경기를 포함한 수도권 면적은 남한의 절반 정도로 표시된다. 실제 지도 위에 2018년 지방선거 결과를 그린 그림(왼쪽 상단)과 인구비례지도(오른쪽 상단)에 같은 결과를 표시한 〈그림 3-1〉을 비교하면 우리나라에서 얼마나 많은 사람이 더불어민주당 소속 정치인을 자신의 광역단체장으로 뽑았는지를 더 직관적으로 볼 수 있다. 자유한국당은 경상북도 지역에서만 광역단체장을 배출해서 전국 정당에서 지역 정당으로 변화된 모습이다.

기초단체장 선거 결과도 마찬가지로 그려보았다(그림3-2). 실제의 지도 위에 선거 결과를 표시한 위의 그림에서는 상당한

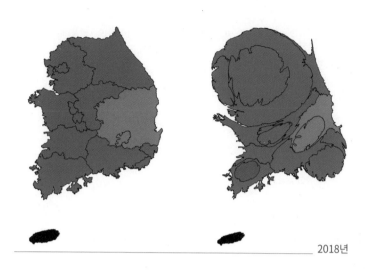

그림3-1_ 위쪽 그림은 2018년 지방선거의 광역단체장 선거 결과다. 파란색은 더불어민주당, 빨간색은 자유한국당, 검은색은 무소속이 당선된 지역이다. 2014년 지방선거 광역단체장 선거 결과의 인구비례지도(아래쪽)와 비교하면 더불어민주당이 당선자를 배출한 지역이 얼마나 늘었는지 볼 수 있다.

면적이 자유한국당의 빨간색으로 보이지만, 같은 결과를 인구비례지도 위에 표시한 아래의 그림에서는 빨간색 부분의 면적이 아주 작다. 자유한국당이 기초단체장을 배출한 지역은 서초구와 대구, 그리고 경남지역의 일부를 제외하면 주로 인구가 적은 지역이었기 때문이다.

　서울시장 선거에서 안철수 후보의 득표율은 19.6%인데, 서울에서의 바른미래당 정당 득표율은 11.5%였다. 이 두 수치를 단순 비교하면, 서울에서 안철수 후보의 득표율이 바른미래당 득표율보다 유의미하게 높았으니, 서울에서 안철수 후보는 바른미래당의 지지층을 넘어서 좀 더 많은 지지를 받았다고 할 수 있겠다. 더불어민주당 소속 기초단체장을 배출한 각 지역에서 당선인의 득표율과 그 지역의 광역비례의원과 관련된 더불어민주당 정당 득표율을 비교해보았다. 〈그림3-3〉은 〈그림3-2〉의 아래쪽 그림과 같은 인구비례지도 위에 당선인의 득표율이 정당 득표율과 얼마나 달랐는지를 표시한 것이다. 정당 득표율이 기초단체장 당선자의 득표율보다 1% 이상 높았던 지역은 파란색, 거꾸로 당선자 득표율이 소속정당인 더불어민주당의 정당 득표율보다 더 높거나 혹은 둘의 차이가 1% 이내로 작은 곳은 보라색이다. 보라색이 더 많은 이유가 있다. 단체장 투표에서는 내 표가

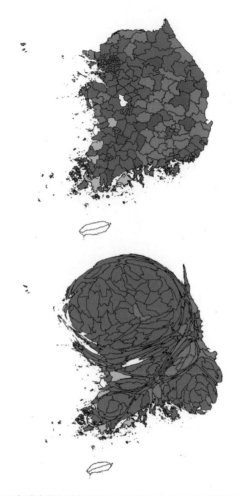

그림3-2_ 2018년 지방선거 기초단체장 선거 결과를 실제 지도(위쪽)와 인구비례 지도(아래쪽)에 그린 그림. 더불어민주당은 파란색, 자유한국당은 빨간색, 미래평화당은 연두색, 그리고 무소속은 짙은 회색으로 표시했다. 또, 제주도처럼 기초단체장 선거 없이 광역단체장만을 뽑은 곳은 흰색으로 표시했다. 아래쪽 인구비례지도를 보면 당시 선거에서 자유한국당의 참패는 실로 처참할 정도였다는 것을 쉽게 알 수 있다.

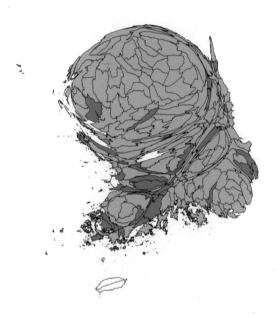

그림3-3_ 더불어민주당 당선자가 나온 기초단체 중에 그 지역의 더불어민주당 정당 득표율이 당선자 득표율보다 1% 이상 높은 곳을 파란색으로, 그렇지 않은 곳을 보라색으로 표시했다. 회색으로 표시된 지역은 당선자의 소속정당이 더불어민주당이 아닌 곳이다.

관계의 과학

사표가 될 가능성이 정당 투표보다 더 크다. 단 한 명의 단체장을 뽑는 단체장 투표에서는, 내가 뽑은 사람이 득표율 1위가 아니면 나의 표는 사표가 된다. 하지만 비례의원을 뽑는 정당투표에서는 내가 뽑은 정당이 득표율 1위가 아니더라도, 그 정당의 비례의원들이 국회의원이 될 수 있다. 단체장을 뽑을 때 실질적으로 경합하는 후보는 둘이나 셋이지만, 정당 투표에서는 이보다 더 다양한 선택지가 있다는 뜻이다. 즉, 단체장 당선자의 득표율이 양자택일 문제의 정답률이라면, 정당의 득표율은 오지선다형 문제의 정답률에 비유할 수 있어서, 사실 당선자 득표율이 정당 득표율보다 더 높은 것이 자연스럽다. 보라색 지역이 더 많은 이유다. 두 득표율을 단순 비교하는 것이 큰 의미를 갖기는 어렵다고 할 수도 있겠지만 앞에서 설명한 이유로 인물 경쟁력이 정당 경쟁력보다 유의미하게 뒤처진 곳이 파란색으로 표시되었다고는 이야기할 수 있겠다.

당시 개표 방송에서 경상남도의 광역단체장 투표결과가 특히 흥미로웠다. 김경수, 김태호, 두 경쟁 후보의 득표율이 시간이 지나면서 엎치락덮치락하는 것을 손에 땀을 쥐면서 지켜보았다. 방송사에서는 어떻게 '당선 유력'과 '당선 확정'을 판단하는 것일까? 문득, 최종 득표율이 어떻게 될지를 미리 예측해볼 수 있는 간단한 방법이 떠올랐다. 예를 들어, 한 지역에 개표구가 둘이어서 개표구 A의 전체 투표자 수는 10만 명, B의 전체 투표자 수는 훨씬 더 많아 100만 명이라고 해보자. 인구가 적은 A는 개표가 빨리 진행되어 현재 개표율이 50%(즉, 지금까지 10만의 50%인 5만 표 개표)인데, B는 개표가 오래 걸려 현재 10%(즉, 지금까지 10만 표 개표)라고 해보자. 방송이 진행되는 현재 시점에서 화면에는 한 후보가 A에서 20%, 그리고 B에서 50%의 득표를 했다는 정보가 보인다고 하자. 현재 A, B 전체의 득표율은 다음과 같이 계산된다. A 지역의 개표 수는 5만인데 20% 득표니 득표수는 1만, B는 개표 수 10만에 50% 득표니 득표수는 5만이다. 모두 더해 이 후보는 A, B 전체에서 현재까지 6만 표를 얻었다. 한편, 현재 개표한 전체 표수는 5만 더하기 10만으로 모두 15만 표다. 그러니 방송 화면에서 보여주는 이 후보의 전체 득표율은 6만 나누기 15만이어서 40%다. 개표가 점점 더 진행되면 결국 이 후보의 최종 득표율은 얼마가 될까?

지금까지의 각 개표구에서의 득표율인 A에서의 20%와 B에서의 50%가 아직 개표를 기다리고 있는 남아 있는 투표용지 모두에도 변함없이 적용된다고 단순히 가정하면, 이 정보를 모아 100% 개표가 진행되었을 때 최종 득표율이 얼마나 될지를 쉽게

관계의 과학

예측해볼 수 있다. 10만 명 투표자 수에 20%의 득표라면 A의 최종 득표수는 2만이 되고, 100만 투표자로부터 50% 득표라면 B의 최종 득표수는 50만이 된다. 결국 둘을 더해 52만이고 이를 전체 투표수 110만으로 나누면 47%가 최종득표율의 예측값이다. 흥미로운 결과다. 개표가 상당히 진행된 특정 시점에서 이 후보의 득표율은 40%라고 방송 화면에서 보여주는데, 최종 결과는 확연히 다른 47%로 예측된다는 얘기다. 왜 이런 커다란 차이가 생겼는지도 쉽게 이해할 수 있다. 개표가 더디게 진행되는 인구가 많은 지역과, 개표가 상대적으로 빠르게 진행되는 인구가 적은 지역에서 후보의 득표율이 상당히 달랐기 때문이다. 실제 2018년도 지방선거에서 경상남도가 정확히 그랬다.

개표 방송을 보다가 자정쯤 김경수 후보와 김태호 후보의 엎치락덮치락 득표율이 경상남도 전체에서 각기 49.3%와 46.6%가 되던 시점에서, 앞에서 설명한 단순한 방법으로 최종득표율을 예측해보았다. 52.2%와 43.8%의 결과를 얻었다. 상당히 큰 차이여서 자정 이후에 결과가 바뀔 가능성은 없다는 판단을 할 수 있었다. 최종결과를 보기 위해 밤잠을 설칠 필요 없이 잠자리에 들 수 있었다. 실제 다음 날 발표된 최종 득표율은 각각 52.81%와 42.95%로서 내 예측과 1% 이내의 오차를 보여주었다. 어느 정도 만족스러운 결과였다. 어려운 계산이 전혀 아니다. 다음 선거의 개표 방송에서는, 각 개표구의 투표자 수, 방송 시점의 개표율과 득표자 수의 정보를 모두 모아서, 앞에서 설명한 간단한 방법으로 현재 시점에서 짐작해본 최종 예측을 실시간으로 함께 보여주면 좋겠다. 통계학자의 도움으로 이 글에서 설명한 방법을 좀 더 정교하게 다듬을 수도 있을 것 같다. 사실상 이미 최종 결과가 거의 결정된 상황에서, 수많은 시청자가 손에 땀을 쥐면서 엎치락뒤치락 하는 결과에 마음을 졸이지 않도록 말이다.

카토그램   우리나라 전체 지도가 있다. 서울은 인구에 비해 작아 보여 서울 안에 어떤 것이 있는지를 지도에서 찾아보기 어렵다. 만약 각 지역의 지도 위 면적이 그 지역의 인구에 비례하도록 지도를 바꾸어 다르게 그린다면, 인구가 밀집한 작은 지역의 정보가 좀 더 잘 표현된다. 이런 방식으로 그린 지도가 카토그램cartogram이다. 인구비례지도라고도 한다.

중력파

보이지 않아도 존재한다

나도 멀리서 보면 차은우랑 닮았다. 거짓말이라고? 〈그림 3-4〉의 아래 큰 사진을 보시라. 지면으로 이 글을 읽고 있는 독자라면 이 사진을 바로 코앞에 놓고 쳐다보고, 전자책으로 이 글을 읽고 있는 독자라면 이 사진을 크게 해서 보면 된다. 사진을 보면 필자의 얼굴이 보인다. 자, 다음에는 이제 같은 사진을 멀리서 보거나, 혹은 컴퓨터 화면에서 크기를 줄여서 보시라. 근시라서 안경을 쓰고 계신 분은 더 편하다. 같은 거리에서 안경만 벗고 보면 된다. 짜잔, 이제 필자의 얼굴은 사라지고 누구나 차은우의 잘생긴 얼굴을 본다. 거짓말이 아니라니까. 필자도 멀리서 보면 차은우다.

(출처: 서울경제)

그림3-4_ 차은우와 나의 두 사진을 합성한 것이 아래 사진이다. 멀리서 보면 차은
우의 얼굴이 가까이서 보면 내 얼굴이 보인다.

관계의 과학

이렇게 두 사진을 과학적인 방법으로 잘 합성하면, 가까이서 볼 때와 멀리서 볼 때 보이는 모습을 다르게 할 수 있다. 인터넷에서 'hybrid image'로 검색하면 여러 재미있는 사진들을 볼 수 있다. 웃는 모습과 우는 모습으로 같은 사람이 거리에 따라 표정이 다르게 보이는 사진도 있지만, 아무래도 가장 유명한 것은 바로 아인슈타인과 마릴린 먼로의 합성사진이다. 이 합성사진을 크게 늘려 보거나 가까이서 보면 누구나 콧수염 기른 아인슈타인을 본다. 이번에는 사진을 줄여서 작게 보거나 또는 멀리서 보면, 또 누구나 마릴린 먼로의 얼굴을 본다. 차은우와의 합성사진도 같은 원리로 만든 거다.

사실 이렇게 재밌는 합성사진을 만드는 방법이 바로 중력파 검출에 이용된 방법과 상당히 비슷하다. 미약한 중력파의 신호를 검출하려면 온갖 종류의 다양한 잡음들을 걸러내야(필터링)하는데 이때 사용하는 수학적인 방법들이 있다. 예를 들어보자. 악기가 도, 미, 솔의 세 음을 동시에 내고 있다고 할 때, 도의 소리만 크기를 줄여서 미와 솔만 크게 들으려면 어떻게 해야 할까? 도, 미, 솔에 해당하는 음은 각각 특정한 진동수를 가진다. 도는 약 262Hz, 미는 약 330Hz, 그리고 솔은 약 392Hz인데, 도에 해당하는 소리의 파동은 1초에 262번 주기적으로 진동한다는 것을 의미한다. 으뜸화음인 도, 미, 솔의 진동수의 비를 구하면 4:5:6에 가깝다. 아직 과학이 명확히 이유를 알아낸 것은 아니지만, 두 음의 진동수 비가 간단한 정수의 꼴로 적히면, 사람의 귀는 두 음이 서로 조화를 이뤄 듣기 편한 소리로 인식한다는 것이 알려져 있다. 가장 간단한 정수비 1:2가 되는 두 음이 가장 조화롭게 들리는데, 이 두 음은 옥타브만 다르지 정확히 같은 음정을 갖는다. 따라서 262Hz의 2배인 524Hz는 한 옥타브 위의 도 음이고, 절반인 131Hz는 한 옥타브 아래의 도 음이다. 다른 아무런 음도 섞이지 않은 순수한 음정은 깨끗한 사인^{sin}함수를 따라 시간에 따라 부드럽게 변하는 파동의 형태다. 악기가 도, 미, 솔의 음을 함께 내고 있다면, 진동수가 다른 세 개의 파동이 동시에 존재해 좀 더 복잡한 모양이 된다. 도, 미, 솔이 함께 있는 파동을 도의 파동, 미의 파동, 솔의 파동, 이렇게 세 성분의 합으로 나누어 표현하는 수학적인 방법이 있다. 이를 '퓨리에 변환'이라 부른다. 이렇게 일단 전체를 셋으로 나눠서 세 항의 합의 꼴로 표시할 수 있으면 도에 해당하는 항만 쉽게 없앨 수 있다. 미와 솔의 두 항만 가지고 있는 파동을 소리로 바꿔 들려주면, 이제 듣는 사람은 미와 솔만 듣게 된다. 바로 이 방법이 중력파 신호 검출에도 이용된 거다.

관계의 과학

중력파 검출 장치에서 측정된 처음의 파동에는 실제 중력파에 해당하는 파동뿐 아니라, 다양한 진동수를 가지는 온갖 잡음들도 함께 섞여 있기 마련이다. 중력파의 신호는 워낙 작고 미세해서 사실 관측된 파동에서는 잡음이 어마어마하게 훨씬 더 크다. 정작 들어야 하는 소리에 해당하는 중력파는 엄청난 잡음 속에 묻혀 있는 거다. 그냥 들어서는 어느 누구도 도저히 중력파의 신호를 알아챌 수 없다. 이럴 때는, 원래의 파동을 앞에서 이야기한 퓨리에 변환이라는 수학적인 과정을 통해서 각 진동수별로 나눠 합으로 풀어 적는 과정을 먼저 거쳐야 한다. 일단 이렇게 전체를 진동수별로 나눠 여러 진동수를 가지는 성분들의 합으로 적을 수 있다면, 중력파 신호가 아닌 잡음에 해당하는 진동수의 파동 성분들을 하나씩 지워가는 거다. 중력파 검출에서 정말로 필자가 놀란 부분이 바로 이 엄청난 잡음제거 기술이었다. 바닷가에 있는 엄청난 수의 모래알 안에 살짝 숨겨져 있는, 모래알 하나보다도 훨씬 더 작은 보석을 찾는다고 상상해보면 된다. 그 수많은 작은 모래알을 하나씩 하나씩 체계적으로 체로 걸러내듯 지우고, 결국 마지막에 남은 보석인 중력파를 본 거다.

퓨리에 변환을 통해 소음을 줄이기도 하지만, 요즈음 고가의 헤드폰은 이와는 다른 물리학의 원리를 이용하기도 한다. 이런 소음 상쇄noise canceling 헤드폰의 원리도 상당히 흥미롭다. 헤드폰 밖의 소음을 일단 녹음한 다음에, 헤드폰 안에 녹음한 소음을 틀어주는 거다. 언뜻 생각하면 소음이 오히려 커질 것으로 짐작하겠지만 잘만 조절하면 헤드폰 안의 소음을 획기적으로 줄일 수 있다. 소음이 가진 파동을 헤드폰 안에서 틀 때, 파동의 위와 아래를 뒤집어서 트는 거다. 외부의 소음이 가진 파동이 +1의 값을 갖는 순간에 헤드폰 내에 같은 소음을 틀 때는 뒤집어 -1의 값이 되도록 하는 거다. 소리는 파동이라서 외부의 소음인 +1과 헤드폰 안에서 뒤집어서 튼 -1의 값이 동시에 귀에 도달하면 서로 상쇄되어 0이 된다는 것을 이용한 것이다. 이 소음 상쇄 방법은 이미 고급 자동차에도 널리 사용되고 있다. 소음을 녹음해 틀고, 그 들리는 소음을 줄이는 재밌는 방법이다. 물론 녹음된 소음을 틀 때는 위아래를 싹 뒤집어서 틀어 외부의 소음과 잘 상쇄시키는 것이 중요한 기술이다.

이 글에서 소개한 차은우와 내 얼굴의 합성사진은 중력파 검출 실험에서 잡음을 제거하는 방법과 수학적으로는 동일하다. 시간에 따라 진동하며 변하는 중력파의 경우에는 관찰된 파동을 여러 진동수를 가지는 개별 파동들의 합으로, 즉 진동수별로 파동을 분해하는 방법을 쓴 거다. 사진은 중력파와 달라, 시간이 아

관계의 과학

닌, 사진 이미지가 표현된 2차원 평면 위에서 공간적인 위치에 따라 변하는 정보를 담고 있다. 이런 경우는 진동수가 아니라 파동의 '파장'을 이용해야 한다. 두 사진 A와 B가 있다. 먼저 A가 가지고 있는 공간적인 사진 정보를 여러 파장을 가지는 파동의 합으로 풀어 적는다. 다음에는 이 중 파장이 긴 영역의 파동을 모두 지워서 없애는 거다. 한편 사진 B에서는 거꾸로 파장이 짧은 영역의 정보를 싹 지운다. 파장이 짧은 파동은 사진으로부터 가까운 거리에서 보이는 미시적인 정보를 담고 있고, 파장이 긴 파동은 사진으로부터 먼 거리에서 본 거시적인 정보를 담고 있다고 생각하면 된다. 이 과정을 거치면 A는 이제 짧은 파장 영역의 정보만을, 그리고 B는 긴 파장 영역의 정보만을 가지게 된다. 이렇게 각각 변환된 두 사진의 정보를 더해서 하나로 합해 한 장의 사진을 얻으면 된다. 앞에서 필자가 보여준 차은우와의 합성 사진에서는 사진 A로 필자의 이미지를, 그리고 사진 B로는 차은우의 잘생긴 이미지를 이용한 거다. 가까이에서 보면 사람의 눈은 짧은 거리의 척도에서 변해가는 미시적인 정보를 주로 처리하므로 필자의 얼굴을 보게 되고, 멀리서 보면 긴 거리의 척도에서 변해가는 거시적인 정보만을 보게 되어 잘생긴 차은우의 얼굴을 보게 된다.

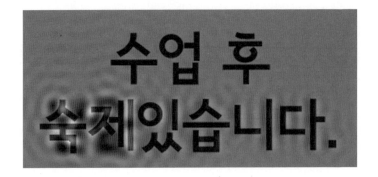

그림3-5_ 멀리서 보면 "수업 후 선물 있습니다"로 보이지만, 가까이서 보면 "수업 후 숙제 있습니다"로 보이는 합성이미지. 차은우와 필자의 사진을 합성한 것과 같은 방법으로 합성한 이미지다.

"멀리서 보면 나도 차은우" 합성사진을 만들어보고는 재미가 붙어서 다른 합성이미지도 하나 만들어보았다. "수업 후 선물 있습니다"라는 문구를 멀리서 본 대학생이 선물에 혹해 점점 강의실 가까이 다가와 문구를 다시 보면 "수업 후 숙제 있습니다"로 바뀐 문구를 보게 되는 이미지다. 차은우와의 합성사진과 정확히 같은 방법을 따라 만든 거다. "숙제"가 들어 있는 이미지에서는 긴 파장의 정보를 지우고, "선물"이 들어 있는 이미지에서는 짧은 파장의 정보를 지운 다음 합성한 거다. 이 합성이미지를 보는 방법도 차은우 합성사진과 같다. 이미지를 출력한 후 벽에 붙여놓고는 멀리서 보면 일단은 "수업 후 선물 있습니다"의 글

관계의 과학

귀가 보인다. 점점 다가오면 글귀가 변해서 결국 "수업 후 숙제 있습니다"로 바뀌게 된다. 이런 장난 같은 문구가 아니라도, 멀리서 보았을 때의 정보와 가까이서 보았을 때의 정보가 달라야 하는 경우는 어쩌면 실제로 이용될 여지도 있다. 여기 소개한 이런 재밌는 장난도 과학을 알아야 제대로 할 수 있다.

중력파　　무거운 질량을 가진 별은 주변 시공간의 곡률을 변화시킨다. 별이 가만히 있다면, 주변 시공간의 곡률도 일정하게 유지되어 시간에 따라 변하지 않는다. 잔잔한 호수에 돌을 던지면 파동이 만들어져 퍼져 나가듯, 무거운 질량을 가진 별의 급격한 변화는 시공간의 곡률에 요동을 만들고 이는 파동의 형태로 퍼져 나간다. 중력으로 인한 시공간의 변형이 빛의 속도로 전파되는 중력파는 아인슈타인의 중력방정식에서 이론적으로 예측되었지만, 검출까지는 100년의 시간이 걸렸다. 2016년 레이저 간섭계 중력파 관측소LIGO에서 무거운 두 블랙홀이 하나로 합해질 때 만들어진 중력파를 검출하는 데 처음 성공했고, 2017년 노벨 물리학상 수여로 이어졌다.

지성이 만든 지성에 관하여

2016년 3월, 이세돌이 졌다. 많은 사람에게 그가 놓는 바둑돌은 이해의 범위를 한참 벗어나 있었다. 그런 이세돌이 졌다. 잠깐, 그런데 이세돌은 도대체 누구에게 진 걸까?

바둑판에 돌을 놓는 결정을 한 무엇에게 이세돌이 진 거다. 그리고 그 무엇이 바로 알파고다. 바로 여기서 문제가 발생한다. 물리학자인 나는 프로그램을 만들어 계산한 결과를 논문으로 쓰지만 공동저자로 (아직까지는) 프로그램 이름을 적지는 않는다(그리고 서운하다는 얘기도 아직 들은 바 없다). 마찬가지다. 구글이 만든 인공물이 이세돌을 이긴 '주체'가 되긴 어려워 보인다. 그런데 문제가 그리 단순하지가 않다. 구글의 프로그래머는 알파고가 어떻게 배우고 작동하는지에 대한 윤곽만 제공했을 뿐이다. 많은 기보를 통해 인간 고수들의 실제 바둑으로부터 배우고, 혼자서 수없이 여러 판을 두는 자기주도 학습도 하면서 "아, 이렇게 두면 이기고 저렇게 두면 지는구나"를 깨달아 엄청난 실력을 갖게 된 것이다. 엄청난 실력을 갖게 된 주체는 프로그래머가 아닌 바로 알파고다. 진 사람은 있는데 도대체 누가 이겼는지는 아리송한 일이 벌어졌다.

만들었다고 이해할 수 있는 것은 아니다. 내가 만든 프로그램이, 내가 정해준 규칙을 따라 계산해도, 그 결과를 내가 항상 이해할 수 있는 것은 아니다. 사용하는 주체가 도구의 작동원리를 모르는 경우도 많다. 계산기를 두드려 복잡한 사칙연산을 할 때 이 작은 장치 안에서 도대체 무슨 일이 벌어지는지 난 알지 못한다. 사람이 만든 계산기가 곱셈을 사람보다 빨리해도 속상해하지 않던 인간은 당시, 바둑을 두는 기계에게 깊은 상처를 받았다. 상처는 아팠지만 두려워할 필요는 없다. 곱셈 잘하는 계산기처럼, 바둑에 이기도록 설계된 바둑 잘 두는 기계일 뿐이다. 프로그램에서 가치를 계산하는 식의 부호만 살짝 반대로 바꾸면, 알파고는 기를 쓰고 지는 방법을 아무런 고민 없이 찾게 되어 있다.

정보처리 용량이 그리 크지 않은 인간의 지성은 외부의 모든 다양한 정보에 고루 눈을 두지 못한다. 독자도 한번 해보시길. 책을 펼치고 왼쪽 면의 글에 눈길을 고정하고 동시에 오른쪽 면의 글씨가 무엇인지 볼 수 있는 사람은 아무도 없다. 시각 정보의 엄청난 양을 처리하기에 턱없이 부족한 사람의 뇌는, 아주 좁은 부분에 시각을 집중함으로써 정보를 처리하기 때문이다. 커피숍에서 마주 앉은 친구와 깊은 대화에 빠지면 방금 전까지 시끄럽게 느꼈던 옆 테이블 대화의 내용이 전혀 들리지 않는 것도 마찬가지다. 혼란스럽게 들어오는 청각정보를 남김없이 모두 처리하는 대신, 사람의 귀는 집중을 통해 듣고자 하는 말만 들을 수 있다. 사람은 결국 정보처리 용량의 한계를 이처럼 의식의 '집중'으로 극복하는 존재다. 정보처리 용량을 얼마든지 늘릴 수 있는 인공지능은 다르다. 많은 정보에 동시에 집중할 수 있다. 사람은 어쩔 수 없이 '좁고 깊게'와 '넓고 얕게' 중 하나를 택해야 한다면, 인공지능은 '넓고 깊게' 볼 수 있는 존재라는 말이다. 어지럽게 전투가 진행되고 있는 바둑판의 한 부분에서 쉽게 눈을 떼지 못하는 이세돌이 깜짝 놀라는 몇 장면을 보았다. 알파고가 정말 쿨하게 지금 격전이 벌어지고 있는 부분에서 손을 빼서, 바둑판의 다른 곳에 수를 둘 때다. 사람은 이렇게 두지 않는다. 아니, 이렇게 두지 못한다. 검은 돌과 흰 돌이 놓인 바둑판 전체는

관계의 과학

지금까지 두어진 수순의 역사에 관계없이 '지금 현재'로만 하나의 전체로 알파고에게 다가온다. 알파고의 반상에 과거는 없다. 역사도 없다. 알파고는 자기가 방금 전에 어디에 돌을 두었는지와 무관하게, 현재의 바둑판 반상 전체로부터 다음 한 수를 결정한다. 쿨하게.

바둑의 규칙은 정말 간단하다. 희고 검은 것은 돌이니, 내 돌, 네 돌을 갈라 둘이 번갈아, 검은 두 선이 만나는 위치에 돌을 하나씩 내려놓으면 된다. 내 돌로 상대 돌을 못 도망가게 둘러싸면 상대의 돌은 내가 들어내, 내 집이 된다. 그리고 집이 적은 사람이 아니라 많은 사람이 이긴다는 것이 약속이다. 규칙은 간단하지만 바둑판에서 벌어질 수 있는 가능성은 정말 무궁무진하다. 바둑을 어려서부터 수없이 둔 프로기사라도 바둑판의 모든 가능성을 경험할 수는 없다. 처음 맞닥뜨린 낯선 새로운 상황에서 프로기사들은 '직관'을 이용한다. 사람이 가진 '직관'이 엄청 신비로운 것은 아니다. 과거의 수많은 경험을 일반화해서 새로운 상황에 대처할 수 있는 힘이 바로 '직관'이기 때문이다. 아무리 바둑 신동이라도 태어나서 둔 첫 판에 프로기사를 이길 수 없고, 아무리 과학 천재라도 물리학을 공부한 경험이 전혀 없이 힉스 입자를 생각해내 노벨상을 받을 수는 없다. 결국 '직관'은 축적된 경험 위에 자리 잡은, 정제되고 결정화된 일반화의 힘에 붙은 다른 이름일 뿐이다. 사람은 태생적인 정보처리 능력의 한계를 '집중'으로 좁혀 해결하듯이, 가능한 모든 경우의 수를 깊이 따져보는 데서 발생하는 시간 자원의 과도한 소모를 '직관'이라는 무디지만 빠른 도구로 대치해 해결한다. 즉, 좁고 깊게 사고하는 것이 집중이라면, 넓고 얕게 사고해 빠른 결정을 이끌어내는 힘이 직관이다.

외부에서 끊임없이 들어오는 엄청난 시각 정보의 양에 맞서, 사람은 시간적으로도 정보의 양을 줄인다. 사람의 뇌는 순간순간의 정보를 모두 처리할 수 없어, 시간의 축을 따라 띄엄띄엄 정보를 끊어 처리한다. 1초에 24장의 정지화면을 보여줘도 우리 뇌는 영화 스크린 위에서 무언가가 연속적으로 움직인다고 장면을 이어서 인식하는 것이 바로 그 증거다. 다른 얘기도 있다. 사람은 빠르게 움직이는 테니스공의 매 순간 위치를 연속적으로 정확히 인식할 수 없다. 테니스 심판은, 공이 바닥에 닿은 그 찰나의 순간에 공의 위치를 정확히 인식하지 못한다. 바로 이 이유로 설명할 수 있는, 테니스 심판의 오심에 관한 흥미로운 조사 결과가 있다. 공이 사실은 경기장 안에 떨어졌는데도 밖으로 나가 아웃되었다고 잘못 판단하는 경우가, 반대로 사실 공이 경기장 밖에 떨어졌는데도 안에 떨어졌다고 잘못 판단하는 경우보다 훨씬 많다. 땅에 닿은 정확한 시간의 정보를 포착하지 못한 사람의 뇌가 두 시점의 공의 위치를 이어서 대충 어림짐작하다 보니 생기는 오류다. 시각정보를 사람의 뇌가 처리하는 과정에서, 쳐다보는 시야를 공간적으로 좁혀 '좁고 깊게' 보는 것이 '집중'이라면, 시간적인 측면에서 정보의 양을 줄여 띄엄띄엄 정보를 처리하는 사람의 뇌의 전략은 어찌 보면 '얕고 넓게' 보는 '직관'을 닮았다. 소모할 수 있는 자원의 양에 아무런 제한이 없다면 '직관'은 필요 없다. 바둑 한 수를 두는 데 무한대의 시간이 허락된다면, 알파고 아닌 인간 바둑 기사도, 말 그대로 모든 수를 하나도 빠짐없이 두어보고 그중 가장 좋은 다음 수를 결정하면 되니까 말이다. 무한의 시간이 허락된다면, 혹은 정보처리의 시간이 0으로 수렴해 얼마든지 빨리 정보를 처리할 수 있다면, 대충대충 빠르기는 하지만 틀릴 수 있는 직관을 이용할 이유가 하나도 없다. 아주 느린 사람의 정보처리 속도를 생각하면, 넓고도 깊은 엄청난 크기의 정보 덩어리를 사람의 뇌가 처리하려면, 폭을 줄여 깊게 보거나(집중), 얕지만 넓게(직관) 볼 수밖에 없지 않을까.

인공지능의 학문의 역사는 제법 길다. 필자가 몸담고 있는 통계물리학 분야에서도 이미 1980~1990년대에 활발히 연구가 진행된 바 있다. 알파고의 인공지능이 어느 날 갑자기 하늘에서 뚝 떨어져 우리 눈앞에 나타난 것이 아니란 뜻이다. 인공지능의 역사에서 커다란 장애물에 가로막혀 발전이 정체되어 있을 때, 꾸준히 장애물 앞에 머물며 이를 극복하려 노력해 결국 넘어선 사람들이 있었다. 그리고 이들이 드디어 이세돌의 바둑을 이기는 알파고를 만든 거다. 인공신경망을 학습시키는 역전파 방법의 발견, 지도학습과는 다른 강화학습의 발견, 그리고 얼마 전 딥러닝을 통한 표현학습의 가능성의 발견 등이 바로 커다란 장애물 앞에서 포기하지 않았던 훌륭한 과학자들이 오랜 노력을 통해 거둔 성과들이다. 바둑 잘 두는 인공지능에 깜짝 놀란 우리 사회가 마치 새치기하듯 끼어들어 앞서 나가기에는 과거 실패의 경험이 너무 적다는 점이 필자는 걱정이다. 그리고 앞으로 분명히 닥칠 다음의 인공지능 발전의 큰 장애물 앞에서, 오래 서성이며 어떻게든 넘어서려 애쓸 과학자는 우리나라에서는 나오기 어렵다. 연구비도, 논문도, 대학원생도, 기업의 지원도, 그리고 국민의 지지도 곧 사라져 없을 테니까. 알파고의 충격에서 우리가 배울 것은 바둑 잘 두는 기계를 만드는 방법이 아니라, 그것이 가능했던 시스템이다. 그것만 잘 배운다면 바둑뿐이겠는가.

사실 내가 이번 승부에서 느낀 것은, 인간의 직관력에 대해

관계의 과학

가지고 있던 근거 없던 자만에 대한 부끄러움이다. 인간의 위대한 직관도 결국은 프로그램으로 구현 가능한 유한한 단계의 계산으로 대치할 수 있다는 가슴 아픈 깨달음이다. 인간의 위치가 우주의 중심이 아니라는 것을 처음 알았을 때, 그리고 인간도 진화의 연속선상에 놓여 다른 생명체 모두와 기원을 공유한다는 것을 알았을 때 이미 경험한, 이번에는 우리가 신비롭게 여겼던 인간의 지성에서 다시 발견한, 익숙하지만 다른 연속성의 깨달음이다.

 '집중'과 '직관'은 우리가 지금까지 우물 안 개구리처럼 자만에 빠져 자랑스러워했던 인간 지성의 엄청난 능력이 아니라, 결국 어쩔 수 없이 한계 지워진 가여운 인간 지성의 두 약점의 이름이 아니었을까. 얼마든지 넓고도 깊게 볼 수 있는 지성은 '집중'과 '직관'도 필요 없는 것이 아닐까. '집중' 없이 한 번에 모두 다 볼 수 있다면, 그리고 '직관' 없이 끝까지 계산해 정확히 알 수 있다면, 인간의 '집중'과 '직관'은 결국 미래에는 버려질 어떤 것이 아닐까. '집중'과 '직관' 없이 모든 것을 '계산'으로 환원해 처리할 수 있는 미래의 지성 앞에서, 사람의 연약한 가여운 지성은 또 무엇을 할 수 있을까. 무한의 정보를 0으로 수렴하는 시간 안에 계산으로 처리하는 것은 인공지능에게도 당연히 불가능하겠지. 그렇다면 유한한 존재라면 결코 극복할 수 없는 이런 한계에 맞서, 인공지능도 '집중'과 '직관'을 배울까. 그럼 인공지능이 갖추게 될, 인간보다 더 넓은 '집중'과 더 깊은 '직관'은 인간의 그것과 어떻게 다를까. 인공지능이 스스로를 창조할 수 있을까. 그렇다면, 지성이 만든 지성이 만들 지성은 도대체 어떤 것일까.

승부가 결정된 후, 복기하려 애쓰는 이세돌의 모습이 떠오른다. 내가 본 가장 감동적인 장면이다. 나는 그에게서 인간이 가진 '알고자 함'의 위대함을 보았다. 그리고 바둑의 역사보다 오래 함께한 이런 '알고자 함'의 힘으로 인류는 알파고를 만든 거다. 새의 날갯짓에서 비행을 생각했듯, 사범 알파고, 알사범으로부터 바둑의 새로운 지평이 열리기를 바란다. 알파고가, 아니 엄청난 인공지능을 멋지게 만들어낸 사람들이 내민 새로운 시대의 충격적인 첫 수에 어떻게 인류가 답할지는 우리 모두에게 달렸다. 앞으로 먼 미래에나 우리 곁에 올지도 모를, 사람과 구별할 수 없는 강한 의미의 인공지능에 대해 고민할 시간은 아직 많다. 다른 사람이 졌는데도 가슴 아파하는 우리 모두를 보며, 난 아직도 인류의 미래에서 희망을 본다. 이제 시작이다.

관계의 과학

인공지능   컴퓨터를 이용해 사람과 유사한 지능을 인공적으로 구현한 것을 말한다. 현재 인공지능의 구현에는 여러 층의 연결망 구조를 결합한 심층 인공신경망이 자주 이용된다. 인공신경망의 노드는 실제 신경세포와 유사하게 작동하고, 인공신경망의 학습도 실제 뇌의 신경망의 학습과정과 닮았다. 실제 뇌 안의 신경세포는 시냅스라는 구조를 통해 서로 연결되어 있고, 새로운 정보를 학습하는 과정에서 시냅스의 연결 강도가 변한다는 것이 알려져 있다. 인공신경망의 학습도 두 노드를 연결하는 링크의 가중치를 원하는 결과가 나오도록 적절한 학습규칙을 적용해 변화시키는 과정을 통해 이루어진다. 현재 인공지능 분야의 발전은 아주 빠르게 이루어지고 있어서, 우리 일상의 삶에 점점 더 큰 영향을 미치고 있다.

관계의 과학

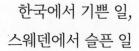

한국에서 기쁜 일,
스웨덴에서 슬픈 일

벌써 20년 전 일이다. 만 서른에 아내와 둘이 스웨덴의 작은 도시 우메오Umeå에 갔다. 다섯 해를 보내고는 가족이 넷이 되어 돌아왔다. 우메오 대학교의 로고를 보면 건물 모양 안에 순록 세 마리가 있다. 학교 주변에 대학생보다 순록이 더 많아서 그렇다나. 농담이라며 해준 말이지만 어쩌면 사실일지도 모른다는 것이 함정. 그곳에서의 생활이 모두 좋았다고 하면 거짓말일 거다. 그래도 "아, 이렇게 살 수도 있구나"라는 것을 배웠다. 그리고 정말로 그렇게 살아가는 사람들이 있다는 것을 보았다.

연구원으로 처음 출근하던 날이 떠오른다. 스웨덴에서는 모든 학교나 관공서, 그리고 회사에서 오전, 오후, 하루 두 번, 커피나 차를 마시며 간단한 다과와 함께 30분 정도 수다를 떠는 '피카fika'를 가진다. 정말로 어디서나 말이다. 병원에서도, 심지어 유치원에서도. 물리학과의 모든 교수, 연구원, 사무원, 대학원생, 그리고 청소하시는 분, 모두가 피카에 온다. 내 생애 첫 피카에서의 화제는 버섯 따기였다. 사람들 얘기를 듣다가 버섯을 딸 수 있는 숲에 가려면 어떻게 가야 하냐고 물었다. 피카룸에 있는 사람들 모두가 크게 웃었다. 그리고 내게 해준 말은, "그냥 아무 방향이나 택해서 똑바로 걸어가라"라는 것이었다. 내 질문에 왜 사람들이 웃었는지를 깨닫는 데는 채 일주일도 걸리지 않았다. 정말 어디든 잠시 걸어가면 숲이 나왔기 때문이다. 그리고 비록 사유지라도 땅의 소유자는 버섯이나 산딸기를 따는 사람들을 막을 수 없게 되어 있다. 법으로 말이다. 자연이 우리에게 주는 선물은 한 사람의 소유일 수 없다는 철학이다.

스웨덴의 언어는 같은 북유럽의 노르웨이, 아이슬란드, 그리고 덴마크의 언어와는 많이 비슷하지만, 어쨌든 영어와는 무척 다르다. 피카룸에서의 대화는 당연히 스웨덴 사람들끼리는 스웨덴어로 한다. 그러다 나와 같은 외국인이 끼면 대부분은 자연스럽게 영어를 쓴다. 스웨덴어를 배우기 위해서는 스웨덴에 오면 안 된다는 농담도 있다. 당신이 스웨덴 사람이 아니라는 것을 알자마자 모두가 영어로만 얘기할 테니까. 한동안 노력을 해보긴 했지만 한국인이 거의 없는 곳에서 5년을 살면서도 스웨덴어를 제대로 배우진 못했다. 핑계이긴 하지만 사실 별로 불편하지는 않았다. 작은 가게의 점원이나 페인트칠 하러 온 노동자나, 나

관계의 과학

보다 영어를 못하는 사람은 거의 없었다. 심지어 초등학교 저학년만 지나도 대부분의 스웨덴 아이들과는 영어로 의사소통을 할 수 있었다.

우메오를 떠날 때의 마지막 피카. 한국에서 드디어 일자리를 잡아서 돌아가게 돼 기쁘다고 했더니 왜 기쁜지를 누군가 물었다. "이제 내 자리가 하나로 정해져 평생 다른 일자리를 찾지 않아도 되기 때문"이라고 답하자, 한자리에 평생 있는 것이 슬픈 일이지 왜 나를 행복하게 하는지 이해가 안 된다고 되물었다. 설명하려다 말았다. 직업이 없어도, 모아놓은 재산이 없어도, 경제적인 이유로는 생사의 기로에 놓일 일 없는 스웨덴 사람들에게, 우리나라에서 매일매일 벌어지는 일들을 어떻게 설명할 수 있겠는가.

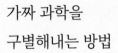

가짜 과학을
구별해내는 방법

중소벤처기업부 장관 후보에 올랐다가 사퇴한 분이 있었다. 유사과학인 창조과학을 신봉한다는 사실이 사퇴에 일부 영향을 미쳤다고 할 수 있다. 국회 청문회에서 지구가 6,000년 전 탄생한 것으로 믿는다고 떳떳이 밝혀, 많은 과학자를 경악케 했다. 도대체 이런 말도 안 되는 이야기를 믿는 사람들이 중세도 아닌 현대에 어떻게 우리와 함께 공존할 수 있는지, 정말 경이로울 따름이다. 멸종된 공룡을 뒷마당에서 발견한 느낌이다.

창조과학의 주장이 잘못이라면 왜 이전에 반대의 목소리를 높이지 않았느냐는 질타도 들었다. 과학계가 창조과학의 주장을 조목조목 비판하지 않았던 이유는 단순하다. 논박할 만한 일고의 가치도 없기 때문이다. 창조과학회 홈페이지에 링크된 "진화론이 거짓인 이유"라는 제목의 글을 읽다가, 진화가 엔트로피 증가의 법칙에 위배된다는 항목에 웃음이 터져 읽기를 멈출 수밖에 없었다. 엔트로피 증가의 법칙은 외부와 끊임없이 영향을 주

관계의 과학

고받는 생명체와 같은 비평형 상태의 '열린계open system'에는 적용될 수 없다. 상식 중에서도 상식이다. 이 글의 잘못된 논리를 따르면, 과식한 음식이 살과 피가 되어 몸무게를 늘리는 것도 엔트로피 증가의 법칙에 반하니 불가능하다. 중년의 뱃살이 환상일 뿐이라면 얼마나 좋을까. 이처럼, 진화가 거짓임을 주장하는 사람 중에는 과학의 기본적인 상식도 잘 모르는 이들이 많다.

대중 과학 강연이 끝나면 사람들이 온갖 것을 물어본다. 강연과 큰 관련은 없어도, 타임머신, UFO, 블랙홀, 외계인, 상대성이론 등이 단골 주제다. 외계인의 존재와 접시 모양 UFO는 사실별 관련 없고, 관찰자에 따라 시간이 다르게 흐른다 해서 타임머신을 타고 과거로 갈 수 있는 것은 아니다. 그래도 이런 질문에는 과학이 할 수 있는 얘기가 많다. 답을 딱 정해서 알려주기는 어려워도, 과학의 눈을 통해 얼마든지 토론할 수 있는 주제다.

명백한 거짓인데도 그 안에 담긴 얘기가 따뜻한, 다른 유형의 비과학 질문도 있다. 매일 정겨운 아침 인사를 건네며 키우면 채소가 무럭무럭 자란다는 얘기, '사랑'이라고 적은 물통 안에 물을 담으면 물 분자의 형태가 예뻐져 건강에도 좋다는 얘기 같은 거다. 이런 얘기를 많은 이가 그럴듯하다고 생각한다. 감동적이기도 하다. 지구 위를 살아가는 우리 모든 생명과 물질이 하나로 연결되어 서로 영향을 주고받을 수 있다는 멋진 메시지가 담겨 있다.

이런 주제에 대한 내 솔직한 생각을 얘기하면 사람들의 표정이 어두워진다. "그거 다 거짓입니다. 실제 실험을 해보면 재현되지 않아요." 산타클로스가 없다는 얘기에 필적하는 엄청난 동심 파괴다. 사실, 이런 얘기를 들려줘도 사람들은 잘 설득되지 않는다. 잘 자라기를 빌며 채소에 말을 거는 농부의 마음은 진솔하다. 하지만 선한 의도라 해서 주장이 맞는 것은 아니다. 아름답다고 진실은 아니다.

과학이 아닌 것은 더 있다. 대표적인 유사과학 상품인 게르마늄 팔찌에 관련된 논리 구조는 그 자체로도 흥미롭다. 1)게르마늄은 반도체로 이용된다(이건 맞다 ○). 2)반도체를 적절히 이용해 전류를 한쪽 방향으로만 흐르게 할 수 있다(이것도 맞다 ○). 3)따라서 게르마늄 팔찌를 착용하면 혈액이 한쪽 방향으로 잘 흐르는 정류 작용이 생겨, 혈액 흐름을 개선할 수 있다(삑! 엄청난 비과학적 비약이다 ×). 이처럼 많은 유사과학 상품은, 과학으로 시작해 도중에 엉뚱한 샛길로 살짝 빠져 사람들을 현혹한다. 집

아래에 수맥이 있어 잠을 못 잔다는 것도 거짓, 조상 묘의 위치가 후손의 성공을 결정한다는 것도 거짓이다. 혈액형과 성격이 관계가 있다는 얘기, 태어난 시점이 미래를 결정한다는 사주팔자 얘기, 뇌호흡, 텔레파시 얘기도 하나같이 황당한 비과학적 주장이다.

창조과학도 역시 과학이 아니다. 과학과 비슷한 점이 없으니 유사과학이라 부르기도 과분해 가짜 과학이라 부르는 것이 좋겠다. 다른 가짜 과학도 많다. 지구가 평평하다는 주장, 북극에 커다란 구멍이 있다는 주장도 있다. 창조과학에 비하면, 열역학 법칙에 위배되는 영구기관을 만들 수 있다며, 잊을 만하면 또 등장하는 엉터리 과학자는 애교 수준이다. 가짜 과학인 창조과학은 진화가 거짓이라고 주장한다. 지구가 우주의 중심이라는 천동설에 필적할, 말도 안 되는 주장이다. 창조과학과 같은 가짜 과학이 주장의 논거로 제시하는 것에는 공통점이 있다. 즉, 주류과학이 아직 완벽하지 않으니 잘못되었다고 말한다. 창조과학에서는 중간 단계 화석이 연속적으로 발견되지 않았다는 이유로 진화론이 틀렸다고 주장한다. 한 번이라도 제대로 과학 분야에서 연구를 해본 사람이라면, 이런 얘기가 얼마나 이상한지 누구나 알고 있다. 과학은 원래 완벽하지 않다. 수많은 실험결과와 관찰 자료를 모아, 현재 내릴 수 있는 그나마 가장 정합적이고 합리적인 최선의 주장을 하는 것이 과학이다. 과학은 완벽하기 때문에 가치 있는 것이 아니라, 비판과 검증에 열려 있기 때문에 가치 있는 거다. 지구 탄생이 6,000년 전이라고 먼저 상정하고, 그에 맞는 증거만 모으고 다른 증거는 무시하는 방식으로 연구하는 사람은 과학자의 자격이 없다. 거꾸로다. 증거를 수집하고 분석해 지구의 탄생시기를 알아내는 것이 과학이다.

온갖 주장이 21세기를 살아가는 우리를 현혹한다. 들어서 재밌고 감동적이라 해서 진실인 것은 아니다. 비록 아름답지는 않더라도, 진실의 맨 얼굴을 쳐다볼 용기가 바로 과학이다. 과학은, 인간의 이성이라는 나약한 무기만을 들고서 거대한 무의미의 풍차에 맞서온 용감한 돈키호테다. 구름 위에서 번개를 내리치는 멋진 수염을 지닌 상상의 존재가 아니라, 두려운 진실의 맨얼굴을 용감하게 이성의 눈으로 마주한 사람들이 세상을 바꿔왔다. 차갑고 냉정한 과학이 없다면, 지금보다 나은 아름다운 미래는 이룰 수 없는 꿈이다.

끝으로 창조과학자에게 조언한다. 진화론이 아닌 창조과학만이 할 수 있는 예측을 하고, 이를 과학적인 실험과 관찰을 통해 확인해, 그 결과를 논문으로 제출하고 학술대회에서 발표하시라(창조과학 학술대회 말고). 연구 과정이 논문 안에 투명하게 공개되어 다른 과학자가 재현할 수 있고, 또 연구 진행이 엄격한 과학적 방법을 따랐다면, 결과가 어떻든 논문으로 출판하는 것이 전혀 어려운 일이 아니다. 창조과학자들이여, 논문을 쓰고, 학회에 나와 진화론과 당당히 경쟁하시라. 그렇게 하기 전까지, 창조과학은 여전히 가짜 과학이다. 과학이라는 이름을 빼라. 이 대명천지에서 창조과학의 존재는 과학에 대한 모독이다.

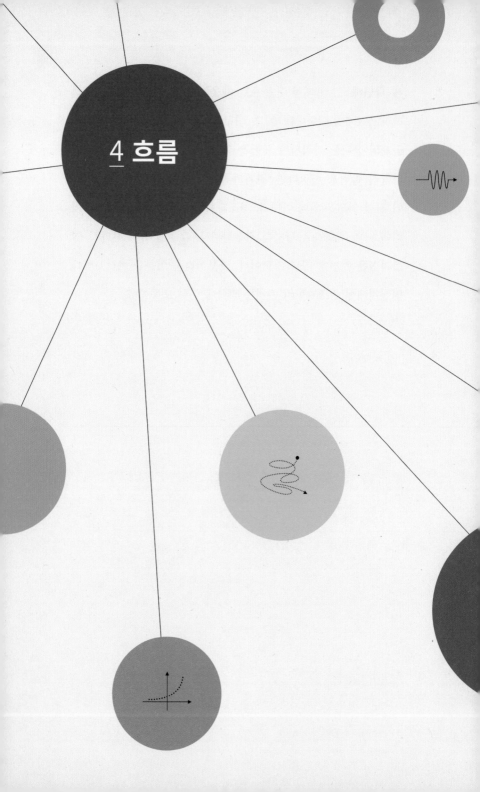

4 흐름

복잡한 지구를
재미있게
관찰하는 법

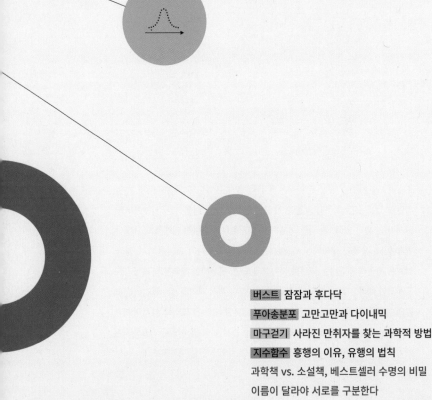

가만히 있는 것은 흐르지 않는다. 흐름은 변화의 다른 이름이다. 시간이 지나면서 어떤 일이 벌어지는지를 이해하면, 과거로부터 출발해 미래를 얘기할 수 있게 된다. 우리가 살아가는 세상에서는 미래를 예측하기 어려울 때가 많다. 하지만 사건이 일어나는 패턴을 파악하게 되면, 구체적인 예측은 하지 못해도 통계적인 예측은 할 수 있다. 구체적인 변화를 수치로 파악하기는 어려워도 대강의 흐름은 이해할 수 있다. 어제 개봉한 영화를 내일 몇 명이나 볼지 정확히 예측하진 못해도, 일주일 뒤 관객 수가 첫날 관객 수의 몇 퍼센트 정도일지는 얘기할 수 있다. 변화의 여러 데이터를 모아 흐름의 패턴을 파악해보자.

잠잠과 후다닥

우리가 살면서 어떤 일을 할 때는 대부분의 시간에는 별일 없이 잠잠하다가, 한번 시작되면 후다닥 활동이 활발해지는 때가 있다. 연재 글을 쓸 때를 떠올려봐도 그렇다. 긴 행복한 평화의 시기가 지나고 마감일이 다가오면 어떤 내용으로 글을 쓸까 고민하며 망설이다 주제를 하나 잡아 글을 쓰기 시작한다. 처음엔 짧은 단락 하나, 그러고는 또 한동안 잠잠. 마감일이 점점 임박하면 조급해진 마음에 노트북 앞에 앉는 시간이 늘어나고 후다닥 활동이 활발해진다. 하지만 그래도 글만 쓰며 사는 것은 아니다. 하루에 몇 시간 정신없이 글을 쓰다가도 점심을 먹고 커피를 마시며 다른 일을 하는 휴지기가 중간에 끼어든다. 그러고는 또 후다닥. 휴지기는 길이가 뒤죽박죽이다. 아주 긴 휴지기와 짧은 휴지기가 함께 있다.

월간지 《과학동아》에서 2016년 창간 30주년을 맞아 마찬가지로 30년 전인 1986년에 대학 물리학과에 입학한 나와 내 동기들을 취재해 기획기사를 냈다. 30년 전 대학 신입생으로 부푼 가슴을 안고 물리학 공부를 시작한 이들의 현재 모습을 소개하는 재밌는 기획이었다. 카톡방을 만들고 동기들이 모여 서로 소식을 전하기 시작했다. 이 카톡방에 올라온 글을 모두 모으니 반년 동안 약 2,000개 정도의 글이 있었다. 단 한 번이라도 대화에 참여한 친구는 모두 51명이니, 한 명당 평균 40개 정도의 글을 쓴 거다. 평균이 이렇다는 얘기지, 글 쓴 친구들 모두가 비슷한 개수의 글을 쓴 것은 아니다. 가장 많은 글을 쓴 친구는 무려 350번 정도 글을 남겼고, 딱 한 번만 글을 올리고는 잠수를 타는 친구도 있었다. 이럴 때는 친구들이 글을 쓴 횟수가 어떻게 분포하는지 그래프를 그려보는 것이 제격이다. 글 쓴 횟수에 따라 친구들을 한 줄로 순서대로 늘어놓은 것을 가로축으로 하고 각 순위에 있는 친구가 쓴 글의 개수를 세로축에 표시해 그려보는 거다. 순위를 가로축에 빈도를 세로축에 그리는 방식이어서 순위-빈도 rank-frequency 그래프라 부른다.

관계의 과학

재미삼아 해보는 장난 같아 보이기도 하지만 이렇게 그린 그래프를 통해 흥미로운 사실을 발견할 수 있다. 유사한 연구도 여럿 있다. 전 세계 여러 도시의 인구를 기준으로 인구수가 많은 순서대로 일렬로 늘어놓고 앞서 말한 방식으로 그래프를 그려본 연구가 있다. 책에서 등장하는 단어들을 그 빈도를 기준으로 한 줄로 세우고는 역시 같은 방식으로 그래프를 그려본 연구도 있다.

도시나 단어 둘 모두 흥미롭게도 같은 함수 꼴을 따르는 그래프를 얻게 된다. 〈그림4-1〉은 위키피디아에서 찾은, 소설『모비딕』에 등장한 영어 단어의 순위-빈도 그래프다. 지프의 법칙 Zipf's law이라고 불리는 이 모양은 많은 사람들에게 익숙한 바로 그 반비례 관계($1/x$)를 보여준다. 즉, 단어 빈도가 지프의 법칙을 따른다는 말의 뜻은, 두 번째로 많이 등장하는 단어는 첫 번째 단어보다 $1/2$의 빈도로 쓰이고, 세 번째 단어는 첫 번째 단어보다 $1/3$의 빈도로 쓰인다는 의미로 이해하면 된다. 도시의 크기도 마찬가지여서, 두 번째로 큰 도시의 인구는 첫 번째 도시의 $1/2$ 정도이고, 세 번째 도시의 인구는 첫 번째 도시의 $1/3$, 네 번째 도시의 인구는 첫 번째 도시의 $1/4$의 식으로 순위에 따라서 도시의 인구가 줄어드는 꼴이다. 단어의 빈도나 도시의 인구뿐 아니다. 기업 매출액이나 사람들의 소득도 비슷하게 멱함수 꼴로

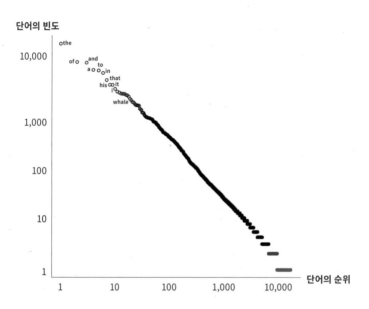

단어의 빈도

단어의 순위

그림4-1_ 소설 『모비딕』에 등장하는 단어들의 순위-빈도 그래프. 가장 자주 등장해 순위가 1인 영어단어는 'the'다.(https://commons.wikimedia.org/wiki/File:Moby_Dick_Words.gif)

줄어드는 막대그래프를 보인다. 그렇다면 과연, 카카오톡 내 동기들 대화방의 글들을 모아 글을 많이 쓴 순서로 친구들을 늘어놓아 그려본 순위-빈도의 막대그래프는 어떤 모습이 될까? 흥미진진.

18세기 말, 멜서스는 식량은 산술급수적으로 늘어나지만 인구는 기하급수적으로 늘어나서 결국 인류는 극심한 식량 부족을 겪을 것을 예측했다. 물론, 그의 예측은 현실에서는 실현되지 않았다. 인류의 역사를 통해 그릇된 예측임이 밝혀진다. 기술의 발달과 경제의 발전으로 농업 생산을 포함한 인류의 생산 규모도 역시 기하급수적으로 늘어났기 때문이다. 멜서스의 예측에서 산술급수는 더하기로 늘어나는 숫자들의 나열이다. 10, 20, 30, 40, 50…처럼 이웃한 두 숫자의 차이가 일정한 급수가 산술급수다. 한편, 기하급수는 차이가 아니라 곱이 일정한 방식으로 늘어난다. 10, 100, 1,000, 10,000, 100,000…처럼 말이다. 더하기로 늘어나는 산술급수보다 곱하기로 늘어나는 기하급수가 훨씬 빨리 크기가 커진다. 10을 6번 더하면 60이지만, 6번 곱하면 100만이된다. 증가하지 않고 감소하는 기하급수도 생각해볼 수 있다. 예를 들어, 1, 1/2, 1/4, 1/8, 1/16…의 식으로 매번 절반으로 줄어드는 급수도 기하급수다. 계산기를 눌러보면, 항의 크기가 급격

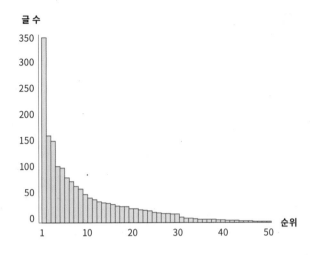

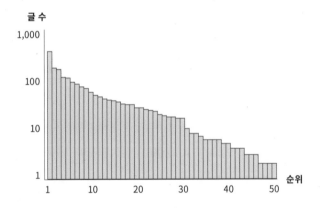

그림4-2_ 동기 카톡방의 데이터를 모아 그려본 순위-빈도 그래프. 가장 많은 글을 써 1등을 한 친구는 350번, 2등은 160번 정도 글을 올렸다. 아래 그림을 보면, 글을 쓴 숫자를 기준으로 순위가 1등에서 시작해 하위로 갈수록, 쓴 글의 수가 지수함수를 따라 급격히 줄어드는 것을 볼 수 있다. 두 그래프에 이용한 데이터는 같지만, 아래 그래프는 세로축을 로그스케일로(1, 10, 100처럼 10배가 늘어날 때마다 같은 간격으로 표시되도록) 그렸다.

　　　　　　　　　　　　　　　　　　　　　　　　　　관계의 과학

히 줄어드는 것을 볼 수 있다. 이런 방식으로 급격히 줄어드는 기하급수의 n번째 항을 수식으로 적으면 $1/2^n$의 꼴이 된다. 바로 지수함수다.

〈그림4-2〉에서 동기 카톡방의 순위-빈도의 그래프를 그려 보니 지프의 법칙보다는 지수함수 꼴로 꼬리가 줄어드는 모양에 더 가까웠다. 1등, 2등 …의 순서로 순위가 1등에서 멀어지면, n등인 친구가 올린 글의 수는 $1/a^n$의 지수함수의 꼴을 따라 급격히 줄어든다. 즉, 글을 많이 올린 상위의 친구 몇 명이 아주 많은 글을 올리고, 글 쓴 순위가 아래쪽인 친구들은 글을 거의 올리지 않는다는 뜻이다. 이처럼, 상위에 있는 무엇인가가 거의 대부분을 차지하고 하위로 가면 아주 조금만 차지하는 막대그래프를 우리나라 성씨 분포에서도 볼 수 있다. 누구나 알듯이 김, 이, 박과 같은 흔한 성씨를 가진 사람은 우리나라에 정말 많고, 희귀 성씨를 가진 사람은 정말 적다. 하나의 성씨를 가진 사람들의 숫자를 세어서 그 순서로 성씨를 김, 이, 박…과 같이 차례로 늘어놓고 동기 카톡방에서와 같은 방법으로 순위-빈도 그래프를 그리면 카톡방과 마찬가지로 지수함수의 꼴로 줄어드는 모양이 된다. 다른 나라의 성씨는 어떨까? 일렬로 성씨를 크기 순서로 줄지어 그래프를 그리는 것이니 당연히 상위에서 하위로 갈수록

막대그래프의 높이는 줄어들 수밖에 없다. 그런데 우리나라보다 줄어드는 속도가 아주 느리다는 것이 큰 차이다. 우리나라는 지수함수의 꼴$(1/a^n)$을 따라 막대그래프의 높이가 급격히 줄고, 다른 나라는 멱함수의 꼴$(1/n^b)$을 따라 훨씬 천천히 막대그래프의 높이가 줄어든다. 즉, 다른 나라에서는 상위에 있는 성씨를 가진 사람이 하위에 있는 성씨를 가진 사람보다 많긴 하지만 우리나라처럼 그렇게 어마어마하게 많지는 않다는 뜻이다. 우리나라의 성씨 중 김씨를 가진 사람은 전체 인구의 20%가 넘는다. 또, 내 동기들 카톡방에서 가장 글을 많이 써서 1등을 한 친구가 쓴 글의 수도 전체 글 수의 거의 20%에 가깝다.

잠잠하다가 갑자기 확 어떤 일이 벌어지고, 또 한동안 잠잠하다가는 다시 어떤 일이 후다닥 여러 번 연달아 일어나는 현상을 '버스트burst'라고 한다. 중간의 잠잠한 휴지기가 이어지다가 활발한 활동기가 불현듯이 시작되고, 활동기가 갑자기 멈추면 또 휴지기가 이어진다. 별 활동이 없이 잠잠하던 천체가 갑자기 폭발적으로 엑스선이나 감마선을 발산하는 현상도 '버스트'라 불린다.

뇌 안의 신경세포는 주변의 다른 신경세포로부터 전달되는

　　　　　　　　　　　　　　　관계의 과학

시냅스 연결을 통해 전달되는 전류의 양이 충분히 크면 신경세포 안팎의 전위차가 음(-)의 값에서 양(+)의 값으로 치솟고 잠시 뒤에는 다시 음의 값으로 돌아오는 현상을 보여준다. 이렇게 짧은 시간 펄스의 형태로 신경세포 안팎의 전위차가 변하면 신경세포가 발화fire했다고 말한다. 가만히 잠잠히 휴지기에 있던 신경세포가 갑자기 짧은 시간에 몰아서 여러 번 발화할 때가 있다. 뇌 안 신경세포들이 보여주는 버스트 현상이다.

　가만히 잠잠히 있다가 갑자기 짧은 시간에 몰아서 발화firing를 한다는 뜻이다. 천체물리학이나 신경과학에서만이 아니다. 사실 이런 '가만히 있다 몰아서 하기'는 나나 독자나 세상을 살다 보면 자주 겪는 일이다. 친구랑 스마트폰으로 문자를 주고받는 것도, 페이스북에서 '좋아요'를 누르는 것도 마찬가지다. 보고서를 작성하거나 발표 자료를 준비하는 것도, 거래처를 방문하는 일도 크게 다르지 않을 것이다. 이러한 버스트 현상에는 정량적인 공통점이 있다. 두 인접한 활동 사이의 시간 간격을 구해보면, 잠잠한 평화기에는 시간 간격이 길고, 후다닥 활동기에는 일을 몰아서 하니 시간 간격이 짧을 것은 자명하다. 그리고 평화기에는 긴 시간 간격이 듬성듬성 등장하고, 활동기에는 짧은 시간 간격이 여러 번 몰아서 등장한다. 두 활동 사이의 시간 간격을 구해 일렬로 죽 적어놓고, 그 빈도를 세어서 막대그래프를 그려보면, 간격이 짧은 경우가 많고 간격이 긴 경우는 별로 없으니 꼬리 쪽(시간 간격이 긴 쪽)으로 갈수록 막대그래프의 높이가 점점 줄어드는 모양이 된다. 이런 당연한 얘기도 또 복잡하게 수식을 써서 설명하는 과학자들이 묻는 질문은 "활동 사이의 시간 간격의 분포가 어떤 함수 꼴을 가질까"다.

이런 주제의 연구를 보고한 과학자가 이미 있다. 미국의 바라바시Albert-László Barabási 교수는 2005년 《네이처》에 출판한 논문에서 "인간 동역학human dynamics"이라는 용어를 제안하면서 사람들이 이메일을 교환할 때 두 메일 사이의 시간 간격을 조사해 그 분포를 살펴보았다. 시간 간격의 분포가 바로 꼬리가 두터운 멱함수 꼴이라는 것을, 즉 잠잠한 긴 소수의 휴지기와 후다닥 폭발적인 다수의 짧은 시간 간격이 함께 존재한다는 것을 보여주었다. 사람들 활동에서의 '버스트'의 발견이었다.

내가 속한 동기들 카톡방에서 두 글 사이의 시간 간격을 계산해 그 확률 분포를 구해보았다(그림4-3). 아니나 다를까 바라바시 교수의 논문에서 보고된 이메일 교환과 마찬가지로 멱함수의 꼴로 줄어드는 모습을 얻었다. 여러 사람들이 모여 살아가는 사회 안에서 벌어지는 일들에는 이처럼 완전히 다르지만 비슷한 경향을 보이는 것들이 있다. 내 동기들 카톡방이나, 바라바시 교

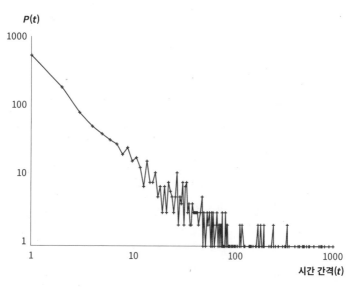

그림4-3_ 동기들 카톡방에서 두 글 사이의 시간 간격을 가지고 그린 확률분포$P(t)$. 가로축과 세로축을 로그스케일로 그리면 직선의 꼴로 줄어든다. 즉, 시간 간격의 확률분포함수는 멱함수의 꼴을 따른다.

수가 분석한 이메일 교환이나, 그리고 아마도 이 글을 쓸 때 내가 노트북을 사용하는 시간 간격이나, 모두 비슷하게 잠잠한 휴지기와 후다닥 활동기가 마찬가지로 멱함수 꼴의 확률을 따라 분포한다. 독자도 본인이 속한 채팅방을 유심히 보시라. 며칠간 잠잠하던 휴지기의 채팅방은 한 친구가 전한 기쁜 소식으로 순식간에 왁자지껄해진다. 채팅방에서 일어나는 버스트 현상이다.

버스트 ___ 잠잠한 휴지기가 이어지다가 짧은 시간 간격을 두고 활발한 활동이 빈번히 일어나는 활동기가 발생하는 현상을 뜻한다. 뇌 안 신경세포들도 상대적으로 긴 휴지기 이후에, 짧은 시간 간격을 두고 연달아 발화하는 버스트를 보이기도 한다. 사람의 활동 중에도 버스트가 자주 관찰된다. 주어진 업무를 수행할 때도, 길고 짧은 휴지기 사이사이에, 업무에 집중하는 활동기가 존재하고는 한다. 사람의 행동 방식의 동역학적 특성을 연구하는 인간동역학human dynamics 분야에서도 인간 활동의 버스트 현상에 큰 관심을 가지고 있다.

관계의 과학

고만고만과 다이내믹

화장실에 가 앉는다. 참 쓸쓸한 공간이다. 재밌는 낙서 하나 안 보이는 빈 벽만 쳐다본다. 이럴 땐 역시 게임이 제격이다. 시작하면 오래 걸려 도중에 멈추기 어려운 게임보다는 화장실에 앉은 본연의 목적에 맞게 금방 끝나는 것이 좋다. 이럴 때면 혼자서 하는 카드게임solitaire을 하고는 했다. 한 판 마치는 데 길어야 2, 3분, 게다가 공짜.

카드게임을 하다 보니 궁금한 것들이 생긴다. 가끔 시간나면 하는 이 게임에서 과연 내 실력이 과거보다 좋아졌을까? 내가 주로 이 게임을 하는 시간대는 언제고, 또 혹시 집중력이 좋아 하루 중 승률이 높은 시간대가 따로 있을까? 어떨 때는 여러 판을 연달아 짧은 시간 안에 끝낸 적도 있었는데, 그냥 기분뿐이었을까, 아니면 다른 때보다 실력에 불이 붙어 연속 고득점을 하는 때가 정말로 존재하는 걸까? 게임을 한 시간들을 모아보면 게임 간의 시간 간격interevent time의 확률분포함수는 어떤 꼴일까? 방금 달성한 고득점 신기록이 다음에 더 높은 득점으로 깨질 때까지의 시간 간격record breaking time에 대해서는 또 어떤 이야기를 할 수 있을까? 별게 다 궁금한 물리학자는 일단 데이터를 모으기 시작한다. 나의 개인적인 활동을 가지고 내가 만들어내는 '나 홀로 빅데이터'다. 이길 때마다 화면의 스냅 사진을 찍어 파일로 저장한다. 틈틈이 근 1년을 모은 게임 화면 파일이 1,500개가 넘었다. 전체 승률은 33% 정도였고, 한 판을 깨는 데 평균 130초가 걸렸다.

앞서 이야기한 미국의 바라바시는 2005년 학술지 《네이처》에 실린 논문에서, 사람들이 어떤 일을 하는 시간 간격을 모아 분석해보니 자연현상과는 많이 다르다는 것을 보인 바 있다. 예를 들어보자. 자연에서 벌어지는 마구잡이random 사건 중 가장 대표적인 것이 불안정한 상태의 원자에서 입자가 튀어나오는 방사능 붕괴radioactive decay다. 입자가 튀어나온 시간을 모아서 연속한 두 붕괴 사건 사이의 시간 간격 t를 구해보면 확률분포가 나오는데, 이를 푸아송분포Poisson distribution라 부른다. 시간 간격이 다 고만고만하게 평균값 주변에 몰려 있는 마구잡이 분포라고 이해하면 된다. 마찬가지로, 배차 간격이 정해진 버스가 정말로 정류장에 매번 도착하는 시간을 모아 시간 간격 분포를 구해도 푸아송분포와 가깝다. 바라바시는 논문에서 인간동역학human dynamics이라는 용어를 제안하면서, 사람들이 이메일을 받은 시간 (t_1)과 그 메일에 답장을 보낸 시간(t_2)을 모아, 둘 사이의 시간 간격 $t=(t_2-t_1)$의 확률분포를 구했다. 결과는 놀랍게도 방사능 붕괴나 버스 도착과는 확연히 다른 멱함수power-law function ($P(t) \sim t^{-a}$) 꼴이었다. 그 의미만 줄여 설명하면, 시간 간격 대부분은 짧아서, 우리는 그때그때 보자마자 많은 이메일에 답하지만, 어떤 이메일에는 정말로 오랜 시간이 지난 다음에야 답장을 보낸다는 뜻이다. 마찬가지다. 우리가 트위터나 페이스북이나 카카오톡 같은 매체에 글을 남길 때, 짧은 시간 간격으로 많은 글을 올리기도 하지만(이름하여 '폭풍댓글', '폭풍카톡' 등), 가끔은 아주 긴 시간 간격을 두고 글을 올린다. 이런 흥미로운 연구결과는 실제 다음과 같은 판단을 하는 데 이용되기도 한다. 인터넷에 어떤 사용자가 글을 올린 시간을 모아 분석하면, 글을 올린 사용자가 살아 숨 쉬는 실제의 사람인지, 아니면 자동화된 컴퓨터 프로그램인지를 판단하는 데 도움을 줄 수 있다. 서로 영향을 주고받으며 소통하는 사람들로 구성된 사회 안에서 사람들이 보여주는 시간에 따른 동역학적인 특성은, 몇 개의 구성요소만이 관여하는 단순한 자연현상과 다를 때가 많다. 사람은 많은 이들과 끊임없이 영향을 주고받는 사회적 존재이기 때문이다. 사회적 존재인 한 사람이 보여주는 특성을 이해하는 방법으로, 이 사람과 연결되어 소통하는 다른 이들의 존재를 무시하는 과격한 단순화의 방법은 성공할 수 없다. 사회 속에서의 한 사람을 이해하려면, 한 사람만 이해하려 하면 안 된다는 얘기다.

필자가 엄청난 시간을 투자해 각고의 노력을 통해 모은 카드게임의 '나 홀로 빅데이터'의 분석에 참고한 다른 연구도 있다. 그중 하나는 팀 스포츠 경기에서 득점을 한 시간들을 모아서 분석한 메릿과 클로셋Sears Merritt and Aaron Clauset의 2014년 논문이다. 이 연구는 엄청난 양의 데이터를 분석해서, 경기에서 일어나는 득점이라는 사건이 서로 독립적인 푸아송과정을 따른다는 것을 보였다. 미국 농구에는 소위 '뜨거운 손hot hands'이라는 말이 있다. 한 번 득점을 하면 그 후에도 계속 득점을 연이어 하게 되는 상황을 '불붙은 손'에 비유한 말이다. 이 논문은 사람들이 흔히 이야기하던 '뜨거운 손'이라는 것이 사실 존재하지 않는다는 것을 명확히 보여 언론의 주목을 끈 바 있다. 또 다른 연구주제인 '신기록 통계record statistics'는 여러 학문 분야에서도 관심이

관계의 과학

있다. 여기서는 스포츠 경기의 기록 경신, 그리고 주식시장에서 한 주식의 사상 최고가의 경신 등이 다뤄진다. 스포츠 종목 중에는 연이어 신기록이 경신되는 종목도 있지만, 오랫동안 신기록 경신이 정체된 종목도 있다. 찾아보니 여자 육상 800m달리기는 1983년 이후 세계 신기록이 경신되지 않았고, 남자 원반던지기도 마지막 세계 신기록은 1986년이었다. 한편, 수영 세계 신기록은 대부분의 세부 종목에서 경신이 자주 이뤄지고 있다. 한 종목의 신기록이 경신되는 데 얼마나 오랜 시간이 걸렸는지를 통계학의 방법을 이용해 체계적으로 살펴보면 종목의 특성뿐 아니라, 앞으로의 기록 경신에 대한 통계적인 예측도 가능하다. 수영은 여전히 영법의 개선 등으로 기록단축이 가능한 분야이고, 육상의 몇 종목은 더 이상의 기록단축은 극히 예외적으로 우수한 선수의 등장에 달린 것으로 해석할 수 있다. 기후 위기에 대한 데이터도 신기록 통계를 이용해 살펴볼 수 있다. 여름이면 가끔 듣는 사상 최고기온 기록 경신도 이 분야의 연구방법을 적용하면 지구 온난화가 얼마나 가속되고 있는지에 대한 의미 있는 결과를 얻을 수도 있다.

필자의 카드 게임 결과를 분석해 몇 가지 결과를 얻었다. 게임을 하는 횟수가 월요일부터 금요일까지는 계속 조금씩 줄어들다가 토요일에 오르기 시작해 일요일에 최고가 된다(그림4-4). 약간은 안심이 되는 결과다. 어쨌든 필자는 연구와 교육에 매진해야 하는 주중에는 이 게임을 많이 하지는 않았다는 뜻이니까. 또, 필자가 일하는 패턴은 '월화수목금금금'과는 상당히 다르다는 것도 알 수 있다. 하루 중 언제 게임을 많이 했는지도 살펴보았다(그림4-5). 연구실에서 주로 시간을 보내는 아침 9시에서 저녁 7시 사이보다는 그 이후 시간에 게임을 많이 했다는 것을 알 수 있고, 또 아침 7시에서 9시 사이에도 상당한 숫자가 있다(혹시 변비?). 바라바시의 논문을 따라 시간 간격의 분포를 구해보니(그림4-6) 방사능 붕괴의 푸아송분포와는 확연히 달랐다. 1년을 모았어도 데이터가 충분하진 않아서 그 분포함수의 꼴을 명확히 이야기하긴 어렵다. 하지만 멱함수 꼴과 많이 다르지 않아, 역시 필자도 사람이란 것을 알 수 있었다.

또, 메릿과 클로셋이 살펴보았던 것처럼 필자가 게임 한 판을 깬 시간들을 모아서 시간에 따른 상관관계autocorrelation도 구해보았다. 결과는 역시 그 논문과 마찬가지로 이번 판에 얻은 점수가 바로 앞 판에 얻은 점수와는 거의 관계가 없다는 것이었다. 즉, '불붙은 손'은 미국 농구뿐 아니라 필자에게도 없다. 1년간의 기간 동안 필자는 눈치채지 못했지만 약간의 실력 향상이

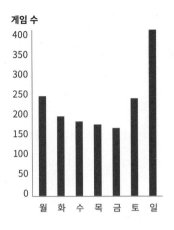

그림4-4_ 요일별 게임 횟수. 주중에는 조금씩 줄어들다가 일요일이 가장 많다.

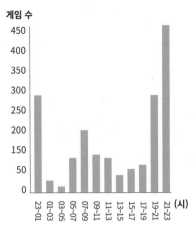

그림4-5_ 시간대별 게임 횟수. 아침 9시에서 저녁 7시보다 퇴근 후에 게임을 더 많이 한다.

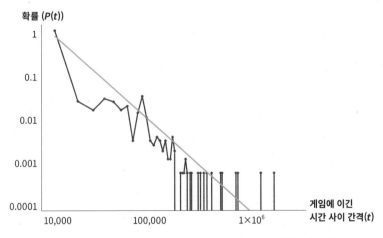

그림4-6_ 시간 간격 분포. 그림의 직선은 멱함수 꼴인 t^{-2}이다. 자연현상에서 많이 발견되는 푸아송분포와는 많이 다르다.

있었다는 것도 알 수 있었다. 실력 향상은 앞 반년에 주로 이루어졌고, 뒤로 갈수록 실력 향상이 거의 없었다. 판을 깨는 데 걸리는 시간 신기록만 모아서 그래프로 그려보니(그림4-7) 신기록이 생기기가 갈수록 어려워진다는 것도 볼 수 있었다(판을 깨는 데 걸린 시간 신기록은 판수에 대해서 로그함수의 꼴로 천천히 줄어든다). 이는 기존 올림픽 육상종목의 신기록 경신도 마찬가지다(그림4-8).

'빅데이터'라는 말이 언론, 방송에 자주 오르내린다. 지금 이 순간에도 수많은 수치화된 데이터가 발생하고, 자동 수집되어 분석·활용되고 있다. 출근길 언제 어디서 몇 번 버스를 탔으며 어디로 이동하는지에 대한 데이터가 지갑 속 교통카드로부터 끊임없이 발생하고, 손에 들고 있는 휴대전화는 위치가 파악되어 통신망에 효율적으로 연결된다. 대형마트는 과거 구입한 상품을 분석해 개인 맞춤형 할인 쿠폰을 발급하고, 새로 나온 책 중 내가 관심 가질 만한 책을 온라인 서점은 콕 집어 알려준다. 어떨 때는 무섭기도 하다. 그래도 어쩌겠는가? 이미 정해진 방향을 거꾸로 돌리는 것은 어려워 보인다. 적정한 규제의 수준에서 많은 사람들의 합의를 이끌어내고, 모든 이에게 도움이 되는 쪽으로 이용하는 것이 더 현실적이다. 뭐라도 잘만 많이 모이면 그로부

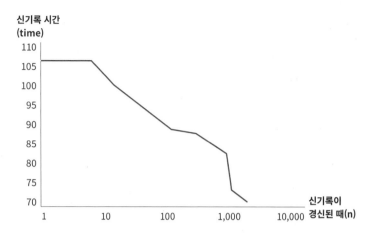

그림4-7_ 신기록과 판수. 판이 거듭될수록 기록 경신이 어렵다는 것을 보여준다. 즉, 판을 깨는 데 걸린 시간의 신기록은 판수에 따라 로그함수 꼴로 아주 천천히 줄어든다.

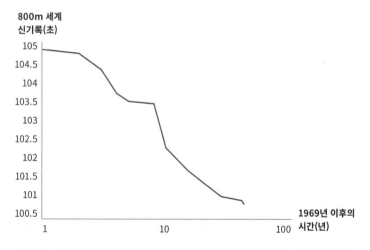

그림4-8_ 1970년부터의 육상 남자 800미터의 신기록 경신의 기록. 신기록 시간이 로그함수 꼴로 아주 천천히 줄어든다. 필자의 카드 게임 신기록과 마찬가지다.

터 얻을 수 있는 통계적인 결과는 점점 더 정확해진다. 한 나라의 중요 정책을 결정하기 위해서나, 한 기업이 다음 주력 상품을 개발하기 위해서나, 잘 알고 잘 쓰려면 일단 많이 모으고 볼 일이다.

재미 삼아 해본 연구라도 더 생각해보면 응용가치가 있다. 예를 들어, 게임을 만드는 회사는 한 판을 끝내는 적정시간을 파악해 게임 난이도의 최적화에 반영할 수도 있고, 공짜게임이라서인지 자꾸 등장하는 광고의 내용을 시간대에 맞추어 변경할 수도 있겠다. 이런 응용의 가능성이 아니더라도, 어쨌든 필자는 '우리'를 이루는 한 개인인 '나'에 대해 조금은 더 잘 이해하게 되었으니 이것으로 족하다. 주변을 둘러보면 과학의 눈으로 분석하고 이해할 수 있는 일들이 많다. 알아야 쓸 수도 있다. 앎이 꼭 쓰기 위해서일 필요는 없겠지만.

푸아송분포 수학자이자 물리학자인 푸아송Simeon-Denis Poisson이 19세기에 발견한 확률분포를 말한다. 예를 들어, 한 가게에 1시간에 평균 10명의 손님이 온다고 해보자. 지금부터 1시간 안에 15명 이상의 손님이 올 확률을 구할 때 이용할 수 있다. 사건이 일어날 빈도의 기댓값이 λ일 때 그 사건이 일어난 횟수가 k일 확률은 푸아송분포에서 $P(k)=e^{-\lambda}\lambda^k/$

$k!$가 된다. 매번 사건의 발생이 독립적이어야 한다는 조건이 필요하다. 위에 언급한 사건이 푸아송분포에 따라 일어난다면, 평상시보다 50%가 늘어나 15명 이상의 손님이 올 확률은 8.3%다. 스포츠 경기에서 한 선수의 경기당 득점도 푸아송분포를 따른다는 것이 밝혀지기도 했다. 선수의 득점은 독립적이라는 의미다. 전반전에 한 선수가 평시보다 훨씬 더 많은 득점을 올렸다고 해서, 후반전에도 득점을 많이 할 것을 기대하기는 어렵다는 얘기다.

사라진 만취자를 찾는 과학적 방법

인도 위를 비틀거리며 걸어가는 술 취한 사람이 있다. 술에 만취해서, 가야 할 집이 어느 방향인지를 전혀 기억 못 해 그때 그때 마구잡이로 동쪽과 서쪽 둘 중 한 방향을 택해 움직인다고 해보자. 처음 위치를 0이라 하고 동쪽으로 한 걸음 움직이면 현재 위치에 1을 더하고 서쪽으로 한 걸음 움직이면 현재 위치에서 1을 뺀다면 시간이 지나면서 만취한 사람의 위치는 어떻게 변할까? 바로, 필자가 몸담고 있는 통계물리학 분야의 유명한 '마구걷기' 문제다. '마구걷기'는 그때그때 마음 내키는 대로 마구잡이로 방향을 택해 걷는 경우를 다루는 말이다.

관계의 과학

어떤 사람은 우연히 동쪽으로만 연달아 수십 걸음을 움직여 처음 위치 0에서 상당히 멀리 벗어날 수도 있고, 또 어떤 사람은 동쪽과 서쪽을 번갈아 왔다갔다하면서 처음 위치의 근방에 오래 머물 수도 있다. 이처럼 그때그때 결과가 달라지는 상황에서 중요한 것은 바로 '평균'이다. 만취한 사람을 10명, 100명, 1,000명 씩 점점 더 많이 모아서 이 모든 만취자의 위치에 대한 평균을 구해보는 거다. 1,000명, 10,000명에게 술을 살 필요는 없다. 간단한 컴퓨터 프로그램을 작성해 계산하면 결과를 얻기도 쉽고 술값도 들지 않는다. 만취자가 수백만이 되어도 계산이 오래 걸리지도 않는다.

마구걷기 컴퓨터 실험을 반복해 얻어진 많은 결과를 모아 평균을 구해보면 동쪽과 서쪽 방향 중 선호하는 방향이 없으니 (술이 완전히 취한 만취자임을 기억할 것) 위치의 평균을 구하면 그 값이 0이다. 사람들 하나하나가 예외 없이 처음 위치에 계속 머문다는 뜻이 아니다. 동쪽, 서쪽으로 움직인 많은 사람들의 위치를 '평균' 내면 처음 위치인 0이 된다는 거다. 100만 명의 만취자 중 절반 정도는 출발한 위치에서 동쪽에, 나머지 절반 정도는 출발한 위치에서 서쪽에 있을 테니, 이들 모든 만취자의 위치 평균을 구하면 플러스와 마이너스가 상쇄되어 0에 가깝게 된다. 이런 마구걷기 문제에서 사실 더 재미있는 것은 만취자가 처음 위치에서 얼마나 멀리 벗어났는지 그 거리의 평균을 구하는 거다. 만취자 한 사람의 위치는 0보다 작을 수도 클 수도 있지만, 위치가 0인 곳에서부터 거리를 재면 동이나 서나 0보다 큰 값을 얻게 된다는 것이 중요하다. 즉, 위치의 평균은 동쪽 서쪽 상쇄되어 0이지만, 거리의 평균은 당연히 0보다 크다. 그리고 거리의 평균을 구할 때 많이 쓰는 방법 중 하나가 바로 위치의 표준편차(혹은 위치의 제곱평균제곱근 값)를 구하는 거다. 간단히 계산해보면 걷기 시작한 후로 시간 t가 흘렀을 때, 만취자가 처음 위치에서 벗어난 거리는 $\sqrt{t} (= t^{1/2})$에 비례한다는 것을 보일 수 있다. 즉, 처음 위치에서 멀어진 거리는 시간의 제곱근에 비례해 늘어난다. 거꾸로, 만약 원점에서 벗어난 거리를 재보니 $\sqrt{t}$의 꼴이 된다면 그 움직임이 마구걷기와 흡사하다고 결론을 내릴 수도 있다.

비틀비틀 만취자 말고도 비슷하게 마구걷기로 생각할 수 있는 문제들이 많다. 그중 하나가 바로 브라운 운동이다. 식물학자 로버트 브라운Robert Brown은 현미경으로 꽃가루를 관찰해 꽃가루가 이리저리 움찔움찔하면서 움직인다는 것을 관찰하게 된다. 처음에는 꽃가루가 가진 모종의 '생명력'으로 마치 살아 있는 생명처럼 스스로 움직인다고 생각했지만(정신줄 놓은 만취자도 살아서 스스로 움직이는 생명체임을 기억할 것), 이후 꽃가루가 아닌 다양한 다른 종류의 (생명력이 있을 턱이 없는) 가루도 마찬가지 움직임을 보인다는 것이 관찰되었다. 브라운이 관찰한 꽃가루처럼 마구잡이로 움직이는 운동을 브라운 운동, 그리고 이런 움직임을 보이는 입자를 브라운 입자라고 한다. 브라운 운동에 대해 성공적인 설명을 정량적으로 제시한 사람이 바로 유명한 아인슈타인Albert Einstein이다. 물리학자들은 1905년을 기적의 해라고 부른다. 그 한 해에 아인슈타인은 당시의 물리학 토대를 송두리째 바꾸는 세 편의 논문을 발표한다. 빛의 속성을 새롭게 밝힌 광전효과에 대한 논문, 시간과 공간의 기존 관념을 뒤흔들어놓은 특수상대성이론에 대한 논문, 그리고 바로 이 글의 주제인 마구걷기를 하는 브라운 입자의 운동에 대한 논문이다. 아인슈타인의 브라운 운동에 대한 이론이 중요한 이유는 브라운 입자의 불규칙한 운동이 그 입자 주변에 수없이 존재하지만 우리 눈에는 보이지 않는 작은 분자들의 열적인 요동으로 만들어진다는 것을 명확히 보여주었기 때문이다. 즉, 기체나 액체의 분자가 당시 많은 과학자들이 오해했던 것처럼 일종의 허구적인 이론의 상상물이 아니라 실재한다는 것을 현미경으로, 우리 눈으로 직접 볼 수 있는 브라운 운동을 만들어내는 물리적인 실체임을 명확히 밝혔기 때문이다.

브라운 입자의 운동처럼 마구걷기의 형태로 요동치는 것들이 우리 주변에는 참 많다. 매일매일 주가가 변하는 주식시장을 떠올릴 수도 있다. 주식시장에서 주가의 흐름은 정확히 같은 것은 아니지만 마구걷기와 비슷한 성질을 보인다. 주식시장에서 매일매일의 주가 지수는 보통 1% 정도의 변동 폭을 가진다. 주가지수가 오르는 것은 만취자가 동쪽으로 움직인 것으로, 주가지수가 내리는 것은 만취자가 서쪽으로 움직인 것으로 생각하고, 주가지수의 오르내림은 매일 같은 확률로 일어나며 어제의 오르내림과는 상관없다고 가정해보자. 이제 주가지수의 움직임은 앞에서 설명한 만취자의 움직임이 된다. 처음 비틀거리기 시작한 위치로부터 만취자의 거리가 $\sqrt{t}$에 비례한다는 것을 이용하면, 1년 동안의 주가지수의 변동 폭은 $\sqrt{250}$ 정도가 되어 15% 내외 정도가 된다는 것을 알 수 있다. 변동 폭은 예측 가능하지만 오를지 내릴지 변동 방향을 예측할 수는 없다. 즉, 주가지수의 하루 변동 폭으로부터 1년 변동 폭을 짐작할 수 있는 이유는 바로 주가지수가 일종의 마구걷기와 흡사하기 때문이다. 물론 매일매일 주가지수의 오르내림이 서로 독립적이고 확률분포가 동일하며 하루의 주가 변동 폭은 1% 정도로 별로 크지 않다는 등의 가정이 필요하다.

지구 위에서 함께 살아가는 많은 생명체는 세포핵 안에 DNA를 가지고 있다. 두 줄이 서로 마주 보고 나선형으로 꼬여 있는 형태인 DNA는 한 줄을 따라 죽 늘어서 있는 염기의 서열이 짝을 진 다른 줄의 염기서열을 정확히 결정해서, 두 줄 중 한 줄의 염기서열만을 적어서 유전정보를 표현한다. A, T, G, C의 영어 알파벳으로 적는 모두 네 종류의 염기가 있어서 한 생명체의 DNA 염기서열은 "ATATTTAACACAATCGATATTAA…"처럼 엄청나게 긴 알파벳들의 나열로 적힌다. 1992년에 저명 학술지《네이처》에 실린 한 논문에서는 이러한 DNA의 염기서열을 앞서 설명한 마구걷기의 방법으로 해석했다. 논문의 저자들은 배열을 따라가다가 퓨린purine이라는 종류의 염기인 A나 G가 나오면 가상의 입자(혹은 앞의 술 취한 사람)가 직선상에서 동쪽(+1)으로 한 칸, 피리미딘pyrimidine 종류인 T나 C가 나오면 서쪽(-1)으로 한 칸을 움직이게 하고는 이 입자의 위치가 시간이 지나면서 어떻게 되는지를 살펴보았다. 여러 생명체의 DNA 염기서열을 이용해 처음 위치로부터 거리의 평균값을 구해 t^a의 꼴로 적으면 흥미롭게도 a의 값이 1/2보다 확연히 크다는 연구결과가 나왔다. 즉, DNA 염기서열은 A, T, G, C가 마구잡이로 배열된 것이 결코 아니며 정보가 들어 있음이 분명하다는 것을 간접적으로 보인 연구다. 앞에서 이야기한 주식시장의 주가에 대해서도 주가가 오르면 오른 만큼 동쪽으로 가상의 입자가 움직이고, 내리면 또 내린 만큼 서쪽으로 가상의 입자가 움직인다고 생각하면 DNA 염기서열에서 《네이처》 논문의 저자들이 구한 것처럼 처음 위치로부터 거리의 평균값을 구할 수 있다. 직접 해보면 거리가 t^a의 꼴로 변한다고 할 때 $a=1/2$에 아주 가깝다는 것을 알 수 있다. 따라서 주가의 변화는 술 취한 사람의 마구걷기와 흡사하지만, DNA 염기서열은 결코 마구걷기로 기술될 수는 없다.

한잔 더하겠다고 고집을 부리면서, 만취한 친구가 집으로 오겠다고 전화를 했다. 가만히 기다리자니 걱정이 되어 친구를 데리러 길을 나섰다. 친구가 내게 전화한 술집에 갔더니 이 친구가 보이지 않는다. 술 취한 친구를 찾기 위한 나의 수색 반경은 어떻게 결정해야 할까? 친구가 마지막으로 전화한 시점에서 시간 t가 지났다면, 수색반경은 t의 제곱근($\sqrt{t}$)에 비례한다. 예를 들어 1시간 후 1km라면, 2시간 후에는 1.4km, 3시간 후에는 1.7km의 식으로 늘려가면 된다. 친구가 술은 취했지만 비틀거리지 않고 똑바로 걸어갔다면 더 큰 문제다. 특정 방향으로 똑바로 걸어갔지만 그 방향을 모를 때의 수색반경은 t에 비례한다. 2시간 후 반경 2km, 3시간 후 반경 3km 안을 모두 수색해야 한다. 물론 제정신이어서 목적지인 내가 사는 집을 향해 제대로 똑바로 걸어갔다면 애초에 친구 찾아다니느라 고생할 필요도 없다.

마구걷기　　가장 단순한 형태의 마구걷기는 술에 만취한 사람의 움직임과 닮았다. 1초에 한 번씩 확률 p로 동쪽으로 한 걸음, 확률 $q(=1-p)$로는 서쪽으로 한 걸음을 옮기는 사람의 움직임이 1차원 마구걷기다. 식물학자 브라운이 현미경으로 관찰한 꽃가루의 브라운 운동도 마구걷기다. 꽃가루 입자는, 현미경으로는 관찰할 수 없는 주변 분자들의 마구잡이 열운동의 영향으로, 이리저리 움찔움찔 움직이는 마구걷기를 한다. 주식시장에서 주가의 움직임을 마구걷기로 기술하기도 한다.

흥행의 이유, 유행의 법칙

세상에는 온갖 유행이 있다. 한껏 부풀린 어깨, 헐렁헐렁 통 큰 바지가 유행했던 오래전 내 사진을 지금 보면 참 우스워 보인다. 그런데 그때는 어느 누구도 이상하다고 생각하지 않았다. 어떤 옷차림이 다음에 유행할지 미리 알기는 어렵다. 많은 사람이 옷을 그렇게 입으니까 점점 더 많은 사람이 비슷하게 옷을 입는다는 것이 유행의 이유라면 이유다. 전염병도 마찬가지다. 쉽게 전염되는 새로운 병원균이 등장하면, 병에 걸린 사람이 점점 많아진다는 바로 그 이유로 다음 날에는 더 많은 사람이 병에 걸린다. 음악이나 영화, 책의 유행도 비슷할 것으로 짐작할 수 있다. 새로 나온 멋진 노래를 들어본 사람은, 마치 병원균에 전염된 사

관계의 과학

람처럼 행동한다. 이리저리 자기 주변의 사람에게 막 발견한 이 멋진 노래를 추천한다. 추천받은 사람이 들어보고는 이들도 마찬가지로 이 노래를 주변에 추천하는 연쇄반응이 시작되면, 이 노래는 점점 퍼져 음악시장 상위에 랭크된다. 통계물리학에서는 전파되는 것이 무엇이더라도 비슷한 방식으로 그 패턴을 이해하려 한다.

우리나라의 영화진흥위원회 홈페이지(www.kobis.or.kr)에는 국내 개봉된 영화 각각의 관객 수가 어떻게 하루하루 변했는지 그 데이터가 모두 공개되어 있다. 총 관객 수가 100명이 넘은 6,495편의 영화 데이터를 모아 분석했다. 전체 2만 편이 넘는 많은 영화가 개봉했는데, 1만 4,000편 정도로 전체의 70%에 해당하는 영화의 관객 수는 100명도 채 안 된다. 큰 성공을 거둔 영화를 적어보면, 〈명량〉(1,760만), 〈신과 함께-죄와 벌〉(1,440만), 〈베테랑〉(1,340만), 〈아바타〉(1,320만), 〈도둑들〉(1,300만), 〈7번방의 선물〉(1,280만), 〈암살〉(1,270만), 〈광해-왕이 된 남자〉(1,230만), 〈택시운전사〉(1,210만), 〈변호인〉(1,140만)의 순이다. 흥행순위 1등 〈명량〉은 우리나라 전체 인구의 약 1/3이 봤다. 분석에 이용한 영화 중 가장 흥행이 안된 영화도 2만 편 중 6,495등이니 상위 30%에 해당한다. 그런데도 딱 100명만 봤다. 이처럼 우리나라 영화시장은 엄청난 빈익빈부익부의 특성을 보여준다. 1등 영화에 전체 인구의 1/3이 몰리는 데 비해, 상위 30% 정도 순위의 영화라고 해도 기껏 100명만 봤다는 것이 충격적이다.

영화의 관객 수 분포를 그려보면, 사람들의 소득분포와 비슷하다. 많은 사람이 들어봤을 80 대 20 법칙이 바로 이런 분포의 한 예다. 예를 들어, 한 백화점의 매출 중 80%가 20%의 고객에 의해 발생한다거나, 한 대학의 논문 중 80%는 20%의 교수가 출판한다는 식으로 이야기한다(사실인지는 확인이 필요하다). 영화의 관객 수를 가지고 마찬가지 계산을 해보면, 80 대 20 법칙보다도 더 기울어진 꼴이어서 90 대 10 법칙을 따른다. 즉, 상위 10%의 영화가 수익의 90%를 차지한다. 다른 계산도 해보았다. 소득의 불평등 정도를 나타내는 지표인 지니계수다. 완전평등의 경우에 0의 값을 갖는 지니계수는 불평등의 정도가 심할수록 값이 커지는데, 우리나라의 2016년 근로소득의 지니계수는 0.47 정도다. 한편, 영화시장의 지니계수를 내려받은 자료로 구해보니 0.9다. 영화의 수익구조는 불평등의 정도가 심한 우리나라의 소득구조보다도 훨씬 더 불평등하다는 뜻이다. 2000년 통계조사로부터 김, 이, 박 등 성씨 분포의 지니계수를 구해보기도 했는데, 그 값이 또 0.9다. '김, 이, 박, 최'만 모아도 전체 인구의 절반이 되는 것처럼, 극소수의 영화가 시장 대부분을 독식한다.

영화나 옷차림, 음악이나 전염병의 경우 한 사람이 주변에 영향을 미쳐서 하루에 한 명의 친구가 같은 행동을 따라 한다고 가정해보자. 첫날 영화를 본 사람이 10명이면, 이튿날 누적관객 은 20명이 된다(첫날 본 10명, 이들의 추천에 설득되어 이튿날 영화 본 10명, 더해서 20명). 이제 이들 20명은 각각 또 주변의 친구 한 명씩에게 영화를 '감염'시킨다. 사흘째 40명, 나흘째 80명으로 늘어난다. 하루에 꼭 2배가 될 리는 없다. 하지만 내가 매일 영화 추천을 계속하고, 내 말 듣고 하루 동안 영화에 '감염'되는 친구 수의 기댓값이 0만 아니라면, 누적 관객은 초기에 기하급수적으 로(즉, 지수함수를 따라) 늘어나야 한다. 과거 우리나라에서 큰 문 제가 된 메르스 사태 때 매일매일의 환자 수는 지금도 쉽게 찾을 수 있는데, 아니나 다를까 초기 감염자 수는 기하급수적으로 늘 어났다. 계산해보니 1명의 환자가 하루에 감염시킨 환자수의 평 균은 0.25명 정도였다. 0.25는 작은 수가 아니다. 하루가 지날 때 마다 누적 환자 수가 하루 전 환자 수의 1.25배가 된다는 얘기여 서 열흘이 지나면 환자 수는 무려 9배가 된다. 물론, 시간이 지 나, 보건 당국의 노력, 그리고 감염되지 않으려 조심하는 사람이 늘어나면, 전염병의 전파는 결국 멈춘다. 〈그림4-9〉에서 과거 메르스 누적 환자 수와 상위 10개 영화의 누적 관객 수를 함께 그려보았다. 둘은 상당히 다른 패턴을 보여준다. 전염으로 퍼진 메르스는 기하급수적인 초기 증가를 보여주는 데 비해, 영화는 초기의 증가가 기하급수적이지 않고 거의 직선의 꼴을 따른다. 우리나라에서 영화는 '전염'으로 유행하는 것이 아니라고 해석할 수 있다. 직선 꼴을 따른 초기의 관객 수 증가를 설명하는 한 가지 가능성은 바로 '광고' 효과다. 모든 사람이, 친구로부터 영향을 받아서가 아니라 광고의 영향으로 영화관에 간다면, 어제의 누적 관객 수가 오늘 관객 수에 영향을 미칠 리 없고, 이 경우 누적 관객은 처음에 직선 꼴로 늘어난다는 것을 쉽게 보일 수 있다 (관심 있는 사람은 미분방정식 $dN/dt=a(1-N/K)$의 의미를 생각하며 풀어볼 것. 영화가 병원균처럼 '전염'으로 유행한다면 $dN/dt=rN(1-N/K)$의 꼴로 어림할 수 있다. 각각을 풀어 〈그림4-9〉의 두 그래프와 비교해보시길).

다른 점은 더 있다. 전염병의 경우 병원균이 전파되면서 하루에 발생하는 신규 환자 수는 늘어나다가 어떤 최댓값을 지난 후에는 다시 감소하는 패턴을 보여준다. 하지만 영화 하루 관객 수는 개봉 초기 큰 값에서 시작해 꾸준히 계속 감소하기만 한다. 〈그림4-10〉이 바로 이 그래프다. 매일매일의 시장점유율을 최상

관계의 과학

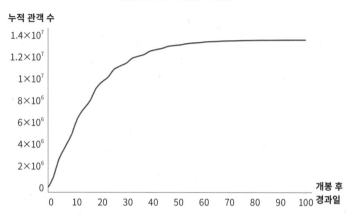

흥행 상위 영화 10편의 평균

누적 관객 수

1.4×10^7
1.2×10^7
1×10^7
8×10^6
6×10^6
4×10^6
2×10^6
0

0 10 20 30 40 50 60 70 80 90 100

개봉 후
경과일

메르스

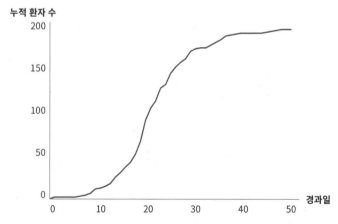

누적 환자 수

200

150

100

50

0

0 10 20 30 40 50

경과일

그림4-9_ 우리나라 흥행 상위 10편 영화의 누적 관객 수와 메르스 발생 후 누적 환자 수가 어떻게 변했는지를 보여준다. 초기의 그래프 모습이 달라서 메르스의 경우에는 지수함수적인 증가를, 영화의 경우는 직선을 따른 증가를 보여준다.

위 영화 10개에 대해 평균을 내 그린 그래프다. 우리나라에서 흥행에 성공한 영화의 하루 관객 수는 개봉일 이후 계속 줄어든다. 이것도 앞에서 이야기한 것처럼, 영화의 성공이 사람들 사이의 '전염'에 의한 것이 아니라는 증거라고 할 수 있다(앞의 두 미분방정식의 해를 구하고 dN/dt를 그래프로 그려보면 차이를 쉽게 볼 수 있다). 우리나라의 영화시장은 영화를 본 사람들이 좋은 영화라고 주변에 추천하는 과정의 연쇄반응에 의해 성공이 결정되는 방식을 따르지 않는다는 뜻이다. 〈그림4-10〉에서 영화 하루 관객 수의 반감기도 구해보았다. 우리나라 흥행 상위 영화의 반감기는 약 19일이다. 평균적으로 19일이 지나면 하루 관객 수는 절반으로 줄어든다. 〈그림4-10〉을 보면, 흥행 최상위 영화 1편의 개봉초기 시장 점유율은 60% 정도다. 상당히 큰 값이다.

건강한 생태계가 유지되려면 종 다양성이 꼭 필요하다는 것은 이제 생태학의 상식이다. 환경오염이 극심한 하천 생태계에서 각 생물종이 얼마나 많이 발견되는지를 분석하면, 우리나라 영화시장과 같은 극심한 빈익빈부익부 현상을 볼 수 있다. 끔찍할 정도로 오염된 곳에서 살아남을 수 있는 몇 안 되는 생물종은 엄청난 개체수를 보여주지만, 오염을 버틸 수 없는 대부분의 여러 생물종의 개체수는 아주 작다. 우리나라의 영화시장은 여러

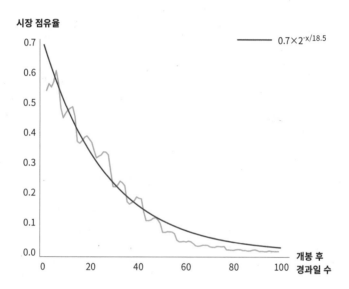

그림4-10_ 흥행 상위 10개 영화의 시장 점유율은 개봉일 후 계속 감소하는 꼴이다. 점유율이 절반이 되는 반감기는 약 19일이다.

모로 건강해 보이지 않는다. 극소수의 대박 영화가 시장의 대부분을 독식한다는 점에서, 또, 영화를 관람한 사람들의 평가에 의해서 영화 흥행의 성공이 결정되는 것처럼 보이지 않는다는 면에서 그렇다. 개봉 첫날 얼마나 많은 사람이 영화를 봤는지가 최종 흥행 성공에 큰 영향을 미치는 형태다. 이런 이유로, 거대 자본이 투입된 영화는 개봉 초기 많은 스크린을 독점하려 하고, 또 엄청난 광고 예산도 투입된다. 영화 보러 극장에 간 날, 내가 보고 싶은 영화는 새벽에 딱 한 번 상영하는데, 대부분의 상영관에서는 하루 종일 아주 적은 수의 영화만 보여주는 것은, 영화계뿐 아니라 영화 관객에게도 불공평한 일이다. 과도한 스크린 독점을 규제하는 것은 꼭 필요해 보인다. 영화를 보는 우리도 다양성이 함께하는 건강한 영화 생태계를 위해 노력할 수 있다. 나부터도 현란한 광고보다는 친구의 진솔한 영화평에 귀를 더 기울여야겠다. 거대 자본을 동원한 마케팅이 아니라 영화를 본 이들의 입소문으로 성공이 결정되는 영화시장이 더 건강하다고 믿기 때문이다.

관계의 과학

지수함수 　한 일꾼이 1원으로 시작해 매일 전날 품삯의 2배를 달라고 하면, 한 달 후에는 하루 품삯이 얼마나 될까? 매일매일의 품삯이 늘어나는 것은 지수함수를 따라서 2^x의 꼴이 되는데, 계산해보면 30일 뒤의 하루 품삯은 10억 원이 넘는다. 이처럼 지수함수는 아주 빠르게 늘어나는 함수다. 만약 $f(x)=a^x$의 꼴로 적히는 지수함수에서 $a<1$이면 거꾸로 이 함수는 아주 빠르게 줄어든다. 신문지를 펼쳐놓고 33번을 연이어 절반으로 접으면 신문지의 폭은 원자 하나보다도 작아진다. x^b의 꼴로 주어지는 멱함수에 비해, a^x의 꼴로 적히는 지수함수는 $a>1$이면 아주 빠르게 늘어나고, $a<1$이면 아주 빠르게 줄어든다.

관계의 과학

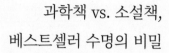

과학책 vs. 소설책,
베스트셀러 수명의 비밀

첫 책을 낸 후, 판매 순위가 어떻게 되는지 궁금해 온라인 서점들을 간혹 방문하고는 했다. 당시, 온라인 서점 중 한 곳은 판매 순위뿐 아니라 팔린 책이 몇 권이나 되는지, 일간, 주간, 월간 판매량을 공개했다. 과학 분야의 꾸준한 스테디셀러가 어떤 책인지도 알 수 있었고, 또 새로 출판된 책이 시간이 지나면 조금씩 판매량이 줄어든다는 것도 알게 되었다. 반감기라는 말이 있다. 방사성 동위원소의 양이 절반이 될 때까지 얼마나 긴 시간이 걸리는지를 일컫는 단어다. 책에도 반감기가 있을까?

한 온라인 서점에서 공개한 여러 책들의 1년 동안의 주간 책 판매량 자료를 모았다. 시간이 지나면서 어떻게 판매량이 줄어드는지를 보고자 책의 출판일이 2014년 11월 이후인 책들만을 모았다. 판매 순위가 상위여서 온라인 서점에서 판매량을 볼 수 있으면서, 출판일이 1년이 채 안 된 책들이 소설 분야에는 모두 62종, 그리고 과학 분야에는 39종 있었다. 요즈음 유행하는 빅데이터에 해당할 정도로 엄청난 양의 자료는 아니다. 그래도 이 정도의 자료를 가지고도 어느 정도 흥미 있는 결과를 얻을 수 있었다. 책에도 반감기가 있을까? 소설과 과학책은 반감기가 다를까?

먼저 62종의 소설책을 1년간의 판매량을 기준으로 상위와 하위 절반으로 나눠, 두 그룹에 대해서 주간 판매량의 시간에 따른 변화의 평균 그래프를 그려보았다(그림4-11). 62종의 소설책 중 판매량이 많았던 상위 절반의 최상위 그룹 책들은 출판 후 시간이 지나면 주간 판매량이 늘어나다가 출판 후 4~5주 정도가 되면 판매량이 가장 많아지고, 시간이 더 지나면 조금씩 판매량이 줄어든다. 한편 전체 62종 소설 중 판매량이 하위 절반(사실 이 책들도 1년간 출판되었던 책 중 판매량 상위 62위 내에 들었으니 상당히 많이 팔린 베스트셀러들이다)인 책들을 평균을 내서 그래프를 그려보면, 이들 소설 분야 차상위 그룹의 베스트셀러들은 출판 후 2~3주 만에 판매량이 최대가 되고 이후에는 계속 판매량이 줄어든다. 39종의 과학책도 마찬가지 방법으로 주간 평균 판매량의 시간에 따른 변화의 모습을 그래프로 그려보았다. 분석에 이용된 과학책의 수가 소설보다 적어 과학책은 상위와 하위의 두 그룹으로 나눠 분석하지는 않았다. 1년 안에 출판된 과학책 중 한 권은 독보적으로 판매량이 아주 많아서 평균 그래프를

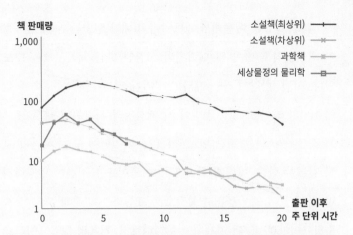

그림4-11_ 책이 출판된 후 시간이 지나면서 어떻게 판매량이 줄어드는지를 보여주는 그래프. 소설 최상위 베스트셀러들은 판매량의 반감기가 약 8주, 차상위 베스트셀러들의 반감기는 약 4주다. 필자의 책도 과학 분야의 책으로서는 판매량이 많은 편이지만, 다른 책들과 비슷한 판매량의 감소 추이를 보여준다.

얻을 때 넣지 않았다. 과학책들의 초기 판매량은 최상위 그룹 소설들에 비해서 확연히 작았고 차상위 그룹 소설들에 비해서도 역시 작았다. 모은 데이터를 이용해 계산해보니 최상위 그룹 소설의 전체 판매량 평균값은 2,148권, 차상위 그룹 소설은 357권, 과학책의 평균 전체 판매량은 255권이었다. 어림잡아 얘기하면 우리나라에서 소설 분야 상위 30위권 내의 책 판매량은 과학 분야 상위 30위권 책 판매량에 비해 10배 가까이 더 많이 팔린다는 뜻이다.

같은 자료를 이용해서 판매량이 최대가 된 시점부터 판매량이 최댓값의 절반이 될 때까지의 시간인 반감기를 구해볼 수도 있다. 사실 '반감기'라는 개념이 의미가 있기 위해서는, 예를 들어 100의 양이 50으로 절반이 될 때까지의 시간이나 다시 50이 25로 절반이 되는 시간, 또 25가 12.5로 절반이 되는 시간이 모두 같아야 한다. 이렇게 절반씩 계속 줄어드는 시간이 일정하려면 값이 줄어드는 꼴을 수학적으로 표현하는 함수의 모양이 지수함수여야 한다. 더 자세히 이야기해보자. 처음의 양을 1이라고 하고, 시간 t가 지나면서 그 양이 줄어드는 꼴이 일정한 반감기 T를 가지면 주어진 양은 $\left(\frac{1}{2}\right)^{t/T}$의 꼴로 적는다. 이 식에서, $t=T$면 처음의 1/2이 되고 $t=2T$면 1/4이 되므로 t가 T, $2T$, $3T$…로 늘어나면 1/2, 1/4, 1/8의 형태로 계속 절반씩 줄어들기 때문이다. 책의 반감기를 구하는 것이 의미가 있으려면, 이처럼 판매량이 지수함수의 꼴을 따라 시간이 지나면서 줄어들어야 한다. 실제의 자료를 이용해 그래프를 그려보니, 소설과 과학 분야의 베스트셀러들의 판매량이 시간이 지나면서 근사적으로는 정말로 지수함수의 꼴로 줄어든다는 것을 알 수 있었다. 일단 지수함수의 꼴로 줄어드는 그래프를 얻으면 반감기를 구하는 것도 어렵지 않다. 판매량의 시간 변화의 실제 데이터가 지수함수의 꼴에 가장 잘 맞도록 T를 결정하면 된다(보통 최소제곱법이라 불리는 방법을 쓴다).

이 방법을 따라 시간에 따른 판매량의 변화 그래프를 이용해 실제로 책들의 반감기를 구해보았다. 판매량이 많은 최상위 그룹의 소설들은 반감기가 약 8주, 그보다 판매량이 적은 차상위 그룹 소설의 반감기는 약 4주가 된다는 것을 알 수 있었다. 따라서 아주 많은 사람이 구매하는 소설은 최대 판매량에 도달할 때까지의 시간도 2배 길고, 그리고 판매량이 줄어드는 반감기도 2배다. 물론 판매량은 2배보다 훨씬 더 많다. 흥미롭게도 과학책의 반감기는 최상위 그룹 소설들과 같았다. 즉, 과학책의 반감기는 아주 잘 팔리는 소설책과 비슷하다. 과학책의 반감기가 차상위 그룹 소설들보다 상당히 길다는 것도 흥미롭다. 즉, 과학책들의 초기 판매량은 차상위 그룹 소설들에 비해서는 많이 작지만, 시간이 지나면 과학책의 판매량은 이 소설들보다 천천히 줄어, 결국 20주 정도에 이르면 오히려 차상위 그룹 소설들을 주간 판매량 면에서 앞서게 된다. 과학책은 소설보다 판매량은 적지만, 생명력은 길다고나 할까.

우리나라에서 출판되는 책들의 판매량의 반감기가 두 달이 채 못 된다는 결과로부터 대부분의 출판된 책들은 1년이 지나면 가장 많이 팔렸을 때에 비해 판매량이 1%에 불과하게 될 것이라는 예측도 가능하다. 이런 분석에서 주의해야 할 것은, 이 결론이 출판된 책들의 '평균'에 대한 이야기라는 거다. 소수의 책들은 오랜 시간이 지나도 꾸준히 사랑받는 스테디셀러가 되기도 하지만 대부분의 책들은 1년이 채 못 되어 사람들의 기억에서 사라진다. 책들의 판매량은 어떻게 서로 다를까? 사람들의 연소득 분포나 기업들의 매출액의 분포를 구해보면 우리 사회의 일면에 대해 알 수 있다. 책들의 판매량의 분포도 마찬가지로 살펴보자.

소설과 과학 분야 책들에 대한 약 1년치의 판매량 공개 데이터를 온라인 서점에서 내려받았다. 이 데이터에는 이전에 출판되어 오래 사랑받고 있는 스테디셀러 책들도 다수 포함되어 있다. 주어진 양의 분포가 어떤 함수 꼴을 가지는지는 다양한 학문 분야에서 관심을 가지고 있는 주제다. 분포가 가진 불평등의 정도는 80 대 20의 법칙, 지니계수와 같은 말로 설명한다. 예를 들어, 상위 20%가 전체의 80%의 재산을 가지고 있다면 80 대 20 법칙이 성립한다고 얘기한다. 따라서 90 대 10법칙은 80 대 20 법칙보다 더 불평등한 분포를 뜻한다. 완전평등의 경우 0의 값을 갖는 지니계수는 불평등의 정도가 심해질수록 점점 커져 1의 값에 접근한다. 80 대 20의 법칙을 따르는 어떤 양 x의 분포함

　　　　　　　　　　　　　관계의 과학

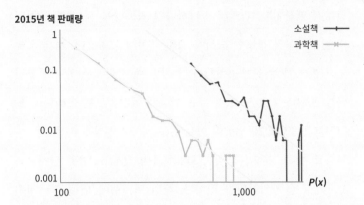

2015년 책 판매량

그림4-12_ 2015년 소설 분야와 과학 분야 책들의 판매량 분포함수. 소설과 과학 모두 비슷하게 멱함수 꼴의 분포함수를 가진다.

수 $P(x)$의 꼴을 계산해보면 $P(x) \sim x^{-2.2}$이며, 이 경우 지니계수는 0.76 정도로서, 불평등도가 상당히 심한 경우에 해당한다. 그렇다면, 책 판매량의 불평등도는 얼마나 될까?

과학 분야와 소설 분야 책들의 1년 동안의 판매량을 모아서 그 분포를 그려보니 〈그림4-12〉에서처럼 둘 모두 $P(x) \sim x^{-2.8}$의 꼴임을 볼 수 있었다. 분포함수의 꼴이 멱함수로 비슷하다는 것이지 소설책과 과학책의 판매량이 비슷하다는 말은 아니다. 과학 분야 판매량의 분포함수는 소설 분야 판매량의 분포함수보다 한참 왼쪽에 놓이는데, 당연히 과학책이 소설책보다 훨씬 덜

팔리기 때문이다. 과학책 하나하나의 판매량에 세 배를 곱하면 소설 판매량의 분포함수 위에 거의 겹쳐져 그려진다. 적게 팔리는 책들에 대해서는, 소설책이 셋 팔릴 때 과학책은 하나가 팔렸다는 뜻이다. $P(x) \sim x^{-2.8}$의 꼴을 이용해 계산해보면 우리나라 도서시장은 80 대 20 법칙이 아니라 64 대 36 법칙을 따른다는 이야기도 할 수 있다. 즉, 약 1/3의 책들이 전체 도서 총 판매량의 2/3 정도를 차지한다는 말이다. 책의 판매량에 대해 지니계수를 구하면 그 값은 0.38이어서 우리나라 사람들의 근로소득 지니계수인 0.47(2016년 추정치)보다는 작다. 책 판매량의 불평등도는 사람들의 소득 불평등보다는 덜하다는 뜻이다. 사실 이 결론도 조심해서 받아들여져야 한다. 수많은 책들의 한 해 판매량 전부를 자료로 이용할 수는 없어서 이 분석은 온라인 서점의 판매량 순위에 오른 책들만을 대상으로 한 것이다. 마치 소득이 일정액보다 많은 사람들만 모아서 지니계수를 구한 것에 해당하므로 자료가 더 많이 있다면 책 판매량의 지니계수가 좀 더 큰 값으로 변할 수도 있다.

필자가 낸 책의 판매량은 앞으로 어떻게 변할까? 우리나라 과학 분야 책 전체의 평균적인 추세를 따른다면 출간 후 1년이 지나면 온라인 서점에서 일주일에 기껏 한두 권 정도가 팔릴 것

관계의 과학

으로 예상할 수 있었다. 지금 같은 규모의 우리나라 과학책 시장에서, 책을 쓰는 것을 전업으로 하는 과학 저술가는 거의 생존이 불가능하다. 우리나라 대학에서 교수를 평가할 때는, 아무도 읽지 않을지 모를 네 페이지 전문 학술 논문 한 편이 그 100배 분량의 베스트셀러 과학책에 비해 훨씬 더 높이 평가된다. 연구비를 받아 수행한 연구과제의 결과 평가에서도, 대중 과학책의 저술은 전혀 도움이 되지 않는다. 평가자의 질문은 아마도 "시간이 아주 많으신가 봐요. 책을 다 쓰시고"라는 일종의 비난일 가능성이 더 크다. 과학 분야 교수가 대중에 널리 읽힐 수 있는 책을 쓰는 것은 평가의 면에서만 보면 일종의 자학이다. 그래도 이런 이상한 과학자가 점점 늘어나는 이상한 분위기는 참 바람직한 일이다. 더 훌륭한 과학책이 앞으로 더 많이 출판되려면, 지금이라도 독자가 시중의 과학책을 더 많이 사길 바란다. 꼭 필자의 책을 사달라는 이야기는 아니다. 동아시아 출판사 『세상물정의 물리학』 정가 14,000원, 『관계의 과학』 정가 15,000원.

이름이 달라야
서로를 구분한다

아래에서 내가 하는 이야기가 틀리면 성을 갈겠다.

방금 독자가 본 이 문장이 의미가 있는 나라는 전 세계에 사실 거의 없다. 만약 "성을 간다"라는 행위가 얼마든지 사회적으로 용인되어 매일 어디서나 일어날 수 있는 일이라면, 위 문장의 의미는 "내 말이 틀리면 오늘 점심을 먹겠다"와 다를 바가 전혀 없다. "내가 하고자 하는 말이 진실이라고 굳게 믿는다"의 뜻이 될 수 없다. 살면서 주변에서 "내가 하는 말이 거짓이면 성을 갈겠다"라고 하는 사람들을 숱하게 보았고, 또 그들 모두가 진실을 얘기했을 리도 없지만, 정말로 성을 바꾼 사람은 아직 단 한 명도 본 적 없다. 우리나라는, 성을 바꾸거나 새로운 성씨를 만드는 것이 문화적으로 용인되지 않은 긴 역사가 있다. 그리고 바로 이 문화적인 차이가 다른 나라들과는 확연히 다른 우리나라의 특징적인 성씨 분포를 만든다.

2000년 인구총조사 결과에 의하면 인구가 5,000만 정도인 우리나라에 성은 기껏 300개 정도다. 5,000만을 300으로 나누면 17만 명 정도니, 평균으로만 따져보면 특정 성씨를 가진 사람이 17만 명 정도는 되겠거니 예측하겠지만 사실은 그렇지 않다. 부동의 1위인 김씨는 1,000만이나 되고, 열 명도 안 되는 망절씨나 즙씨 같은 희귀 성씨도 있다. 이전에 우리나라의 성씨에 대한 연구를 한 적이 있다. 나 같은 물리학자는 이런 연구도 정량적인 방법으로 하는 것을 좋아한다. 이를테면, "한데 모인 사람들을 100명, 1,000명, 10,000명, 이런 식으로 늘리면 그 안에서 발견되는 성씨는 어떻게 늘어날까"와 같은 식으로 문제를 생각한다. 또 이런 문제를 식으로 표현하는 것을 더 좋아한다. "한데 모인 사람들의 수를 A, 그 안에서 발견되는 성씨의 수를 B라고 할 때, B는 A의 함수로 어떤 꼴이 될까"가 과학자들이 더 좋아하는 질문의 형태다. 우리나라의 성씨의 분포가 외국과 판이하게 다르다는 말은 이제, 우리나라가 다른 나라와 함수의 꼴이 확연하게 다르다는 것을 의미한다. 실제 자료를 가지고 계산해보면 우리나라에서는 B는 A의 로그함수의 형태를 보인다(앗, 로그는 고등학교 수학에 나와 좀 더 어렵다. 죄송하다). 물리학자인 내가 학창 시절에 배운 것 중 로그함수가 가장 느리게 증가한다. 즉, 우리나라에서는 모인 사람의 수가 많아져도 그 모임에서 발견되는 성씨의 수는 엄청 느리게 증가한다고 생각하면 된다. 사실 로그함수의 꼴로 늘어나는 다른 것들이 우리 주변에 많다. 예를 들어, 소음의 크기를 재는 단위 데시벨도 사실 로그함수를 이용한 것이고, 세 옥타브 위의 음은 진동수가 $8(=2^3)$배가 더 높은 음이라서, 우리가 음악에서 옥타브를 이야기할 때도 사실 밑이 2인 로그를 이용하는 거다. 더 있다. 하이파이 오디오, 카메라, 그리고 와인 같은 것들이 그렇다. 투자한 돈에 비해 만족한 정도를 생각하면, 이런 물건들의 만족도는 투자액의 로그함수의 꼴로 아주 천천히 늘어난다. 5,000원과 10,000원, 단돈 5,000원 차이가 나도 와인의 맛은 많이 달라진다. (마셔보진 않았지만) 100만 원과 100만 5,000원 와인이 그리 다를 것 같지는 않다. 100만 원 와인에 만족했던 고급 입맛의 사람은, 그보다 더 좋은 와인을 마시려면 이제 5,000원보다 훨씬 더 높은 가격을 추가로 지불해야만 한다. 사람들이 막상 시작해서 몰두하면 결국은 나중에 후회할 취미라고 회자되는 것들이, 바로 이처럼 만족도가 소비액의 로그함수로 늘어나는 특징을 보이는 취미라고 생각해도 되겠다.

우리나라에서 활동하는 문학 작가들의 목록을 이용해서, 작가들의 성씨의 분포가 우리나라의 일반적인 분포와 다를까에 대해 먼저 살펴봤다. 이렇게 그냥 흥미 삼아 해보는 연구도 난 참 재밌다. 그리고 이런 연구를 과학자가 할 때는, 먼저 어느 정도

관계의 과학

예측을 미리 해볼 때가 많다. 작가가 되었다고 성을 바꾸는 사람은 많지 않을 것이라 믿었고, 따라서 성씨 분포의 꼴은 작가들이나 일반인이나 큰 차이가 없을 것으로 예상했다. 작가들 전체에서 임의로 n명을 뽑고, 이 안에서 발견되는 성씨의 수를 세는 과정을 컴퓨터 프로그램으로 여러 번 반복해 계산해보았다. 또, 마찬가지의 방법으로 이미 확보해 가지고 있는 작가가 아닌 일반인들의 성씨를 분석해서 함께 그래프를 그려보았다(그림4-13). 아니나 다를까, 작가나 일반인이나 성씨의 수를 세로축에, 사람의 수 n을 가로축에 그려보면 둘 모두 로그함수의 꼴을 보이며 그래프의 모습이 거의 겹친다. 이로부터 내릴 수 있는 결론은, 작가로 데뷔할 때 '성'을 바꾸는 일은 흔하지 않다는 뜻이다. 이 결론이 틀리다면 내가 성을 갈겠다.

여기까지 읽은 독자라면, 당연히 내가 해보고 싶은 다음 분석이 무엇일지 예측할 수 있을 거다. 맞다. 당연히 이름이다. 태어날 때 작가로 태어날 리는 없으니, 살다가 어느 시점에 작가는 작가가 된다. 그리고 아마도 첫 글을 세상에 내어놓을 때 실제의 이름을 쓸지 아니면 필명을 쓸지에 대한 고민을 하게 될 거다. 사실 과학자들도 마찬가지 고민을 한다. 내 한글 이름 '김범준'을 바꾸지 않더라도 첫 영어 논문을 쓸 때는 이름의 영어 표기를

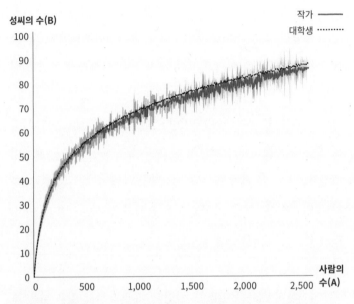

그림4-13_ 사람의 수가 늘어갈 때 성씨의 수가 어떻게 늘어가는지를 볼 수 있다. 작가들이나 대학생들이나 모두 로그함수의 꼴로 성씨가 늘어난다. 두 그래프의 차이가 거의 없으므로, 작가들이 필명을 만들 때 성씨를 바꾸는 일은 거의 없다는 것을 알 수 있다.

어느 정도의 테두리 안에서는 다르게 할 수 있기 때문이다. 누구나 '김'을 'Kim'으로 쓸 것으로 생각하겠지만 꼭 그렇지는 않다. 'Ghim'이나 'Khim'으로 다르게 쓰는 분들도 있다. '이'씨는 과학 논문에서 'Lee', 'Rhee', 'Yi'등 다양하게 등장하기도 한다. 만약 내가 작가라면, 가능하면 이전에 이미 있던 작가와는 다른 필명을 가지려 하지 않을까? 이 글을 읽는 독자들은 아마도 주변에서 과학자를 보기 어렵겠지만, 내 주변에는 온통 과학자뿐이지 눈을 비비고 봐도 작가가 거의 없다. 물어볼 수 없으니 별수없어 일단 다음의 가설을 만들었다. 나와 세 글자가 모두 같은 '김범준'이 이름인 기성 작가가 있고, 이제 막 작품 활동을 시작하려 하는 상상의 두 작가 '김범준'과 '이범준'이 있다 해보자. '이범준'은 굳이 실명과 다른 필명을 사용하지 않아도, 기존 유명 작가 '김범준'과 사람들이 혼동할 여지는 없으리라. 하지만 이제 막 작가의 세계에 발을 디디려고 하는 신인 '김범준'은 아마도 기존 유명 작가 '김범준'과는 다른 필명을 이용해 글을 쓰려 하지 않을까? 앞에서 성씨를 분석한 결과를 생각하면 신인 '김범준'은 기존에 없던 이름인 '박범준'으로 성을 바꾸는 일은 거의 없다. 대신 아마도 이름을 바꿀 거다. 예를 들어 '김범식'?

작가들을 남성과 여성 작가로 나눠보니, 목록에는 여성 작가

787명, 그리고 남성 작가 1,266명이 있다는 것을 알았다. 성과 이름을 합해서 성명을 함께 보는, 즉 '김범준'과 '이범준'을 다른 이름으로 세는 방식으로 계산해보았다. 787명의 여성 작가는 모두 768개의 서로 다른 이름을 갖고, 1,266명의 남성 작가는 모두 1,241개의 서로 다른 이름을 갖는다. 즉, 성과 이름이 모두 겹치는 여성 작가는 19명, 남성 작가는 25명이라는 뜻이다.

여기서 찾은 정보로는 사실 얼마나 많은 사람들이 기성 작가와의 중복을 피하기 위해 실명과 다른 필명을 사용하고 있는지는 알 수 없다. 이런 경우 과학자들은 서로 다른 두 집단을 비교하고는 한다. 내가 비교 집단으로 이용한 것은, 이미 가지고 있던 작가가 아닌 일반 대학생들의 이름에 대한 자료였다. 대학생들의 자료가 작가의 이름 자료보다는 훨씬 많아, 남녀 작가와 동수인 남녀 대학생들의 이름을 마구잡이로 표본 추출하는 방법을 이용했다. 787명의 여학생에게서는 평균 725개의 서로 다른 이름이, 1,266명의 남학생에게서는 평균 1,219개의 서로 다른 이름이 있다는 결과를 얻었다. 이제 작가와 대학생, 이 두 집단을 비교하면 흥미로운 결론을 얻을 수 있다. 787명 여성이 대학생이라면 가지게 될 서로 다른 이름 725개 대신에 동수의 여성 작가들이 가지는 이름은 768개라는 것을 비교하면 된다. 즉, 실명과 다른 필명을 사용하는 여성 작가는 768에서 725을 뺀 43명으로 예상할 수 있다. 마찬가지로 계산하면 남성 작가 중 이름을 바꿔 필명을 사용하는 사람은 22명으로 예상할 수 있다. 몇 명 정도인 지는 이렇게 예상할 수 있지만, 과연 누군지는 누구도 알 수 없 다. 지금까지의 결과를 한 줄로 요약해보자. 작가들은 기존의 작 가들의 이름을 피하려는 경향이 있다. 약 2,000명 정도의 작가들 중 이름을 바꿔 작품 활동을 하는 작가는 약 65명이다. 누군지는 모르지만.

　앞에서 그려본 성씨의 숫자 그래프와 같은 방식으로, 이번에 는 대학생과 작가들 각각의 데이터를 가지고 n명 사람들의 서로 다른 성명의 숫자를 그래프로 그려보았다(그림4-14). 앞에서 그 려본 성씨의 숫자는 사람의 수에 대해 로그함수의 꼴로 아주 천 천히 증가하는 데에 비해, 성명의 숫자는 거의 사람의 숫자에 비 례해서 늘어나는 것을 볼 수 있다. 성씨와 이름을 함께 이용하면 사람들을 구별하는 것이 대부분 가능하다는 뜻이다. 〈그림4-15〉 를 보면, 대학생들보다 작가들의 성명이 더 다양하다는 것도 분 명히 알 수 있다.

　작가들이 필명을 만들어 쓰는 이유는 당연히 본인을 다른 작가와 구별하기 위해서다. 이름이 없다면 우리는 누가 누구인

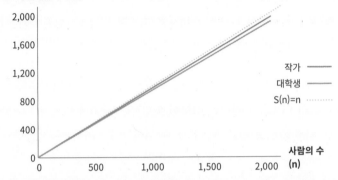

그림4-14_성명의 수(S)는 성씨의 수와는 확연히 다른 형태의 그래프를 보여준다. 만약, n명의 사람이 모두 다른 성명을 갖는다면 S(n)=n이 된다. 작가들의 성명의 숫자 그래프는 대학생들의 성명의 숫자 그래프보다 S(n)=n에 더 가깝다. 즉, 작가들의 이름이 대학생들보다 더 다양해 서로 다른 성명을 쓰는 경향이 있다는 뜻이다.

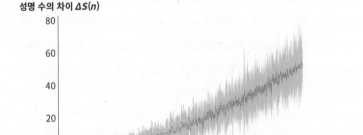

그림4-15_ 작가와 대학생의 성명의 수의 차이가 사람의 수가 늘어나면서 어떻게 변하는지를 보여준다. 800명의 사람들이 있다면 작가의 성명이 대학생의 성명보다 더 다양해서 약 10개의 더 많은 성명이 발견되고, 2,000명이라면 50개의 더 많은 성명이 작가들에게서 발견된다. 그래프의 회색 영역은 파란색으로 표시된 평균값의 추정 오차의 크기를 뜻한다.

지 구별할 수 없다. 과거 오랫동안 우리나라에서 많은 여성은 자신의 이름을 갖지 못했다. 결혼 전에는 그래도 집안에서 애칭으로라도 이름이 불렸지만, 결혼 후에는 '안성댁', '수원댁'처럼 출신 지역으로 불리거나, 아이를 낳으면 '준용이 엄마'처럼 아이의 이름으로 불렸다. 가족관계증명서로 이름이 바뀐 옛 호적등본을 보고 깜짝 놀랐던 기억이 난다. 내가 태어나기 한참 전에 돌아가셔서 한 번도 뵙지 못한 내 할머니의 성함은 호적등본에 이름 없이 '홍씨'라고만 적혀 있었다. 할머니는 본인의 공적 이름을 가져보지 못하고 사셨다는 의미다. 내 연구그룹에서 가지고 있는 우리나라의 10개 집안의 족보 데이터를 살펴봤다. 족보에는 그 집안에 시집온 며느리에 대한 정보도 함께 들어 있는데, 많은 경우 시집온 며느리의 성씨와 본관, 그리고 생년은 수록되어 있지만, 이름에 대한 정보는 없는 경우가 많았다. 족보에 수록된 며느리 중 얼마나 많은 여성이 이름을 가졌는지, 그리고 그 비율이 시간이 지나면서 어떻게 변해왔는지 살펴봤다(그림4-16). 19세기 초까지도 대부분의 여성이 족보에 이름이 기록되지 않았음을 알 수 있었다. 이후 1880년경까지 조금씩 여성 이름의 족보 수록 비율이 늘어나다 1880~1900년 사이에 급격히 큰 폭의 변화가 생기기 시작했다. 갑오개혁 등으로 제도적인 근대화가 시작된 시기와 겹치는 점이 흥미롭다. 1960년대까지도 여전히 80% 수준

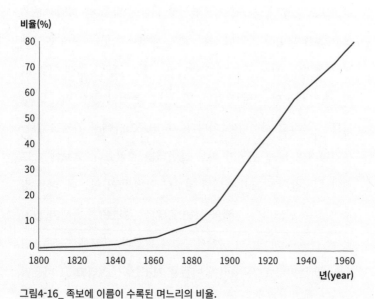

그림4-16_ 족보에 이름이 수록된 며느리의 비율.

에 머문 이유는, 아마도 여성의 이름이 비록 공적으로는 존재했을지라도, 여전히 족보에 며느리의 이름을 적을 때는, 20% 정도의 누락이 있었다는 것으로 해석할 수 있겠다. 우리나라의 긴 역사에서 대부분의 여성이 이름을 가지게 된 것은 100년 정도밖에 되지 않았다.

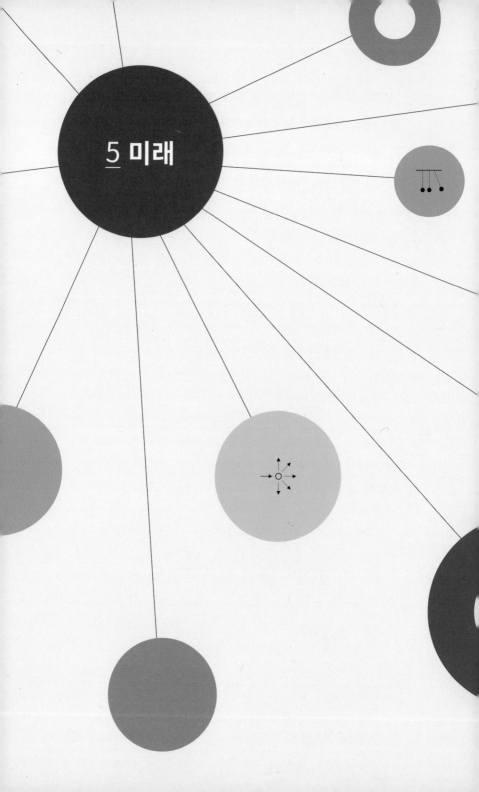

5 미래

시간은
우리 앞에
어떻게
존재할까

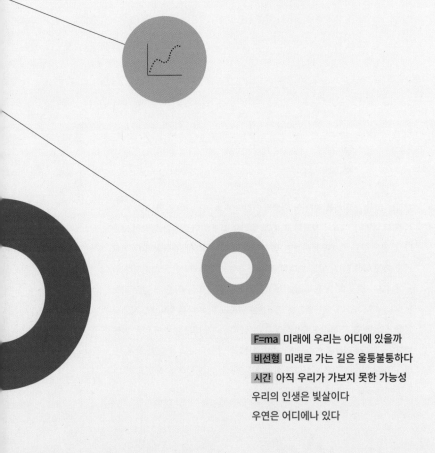

F=ma 미래에 우리는 어디에 있을까
비선형 미래로 가는 길은 울퉁불퉁하다
시간 아직 우리가 가보지 못한 가능성
우리의 인생은 빛살이다
우연은 어디에나 있다

우리는 매 순간 미래를 향해 한 걸음씩 시간의 축을 따라 걸어간다. 미래는 아직 오지 않았다. 그래서 한자로 未來다. 걸어온 길과 걸어갈 길은 분명히 다르다. 걸어온 길은 고개를 돌려보면 딱 하나 외길로 보이지만, 걸어갈 길은 짙은 안개 속에 싸여 한 치 앞도 보이지 않는다. 뉴턴의 고전역학은 무지의 안개를 몰아내고 우리 앞에 놓인 미래를 보여주었다. 그런데 아뿔싸! 안개 걷힌 미래는 외나무 다리였다. 고전역학의 결정론은 미래가 딱 하나로 이미(既) 정해져 있어 기래(既來)라 불러도 무방하다고 속삭인다. 내가 마음을 바꿔 다른 길을 택해도, 그렇게 마음을 바꿀 것도 이미 결정되어 있었다고 주장한다. 과거, 현재, 미래를 잇는 결정론의 삭막한 외길에서 우리는 과연 벗어날 수 있을까. 내일 걸어갈 길을 나는 내 맘대로 고를 수 있는 걸까.

$$F=ma$$

미래에 우리는 어디에 있을까

우리 앞에 놓인 미래는 항상 '가능성'의 형태로만 존재한다. "내일 비가 오면 극장에, 날이 맑으면 공원에 가야지" 하고 미래에 대해 얘기할 수 있는 것은, 내일 비가 올 수도 안 올 수도 있고, 내가 극장에 갈 수도 안 갈 수도 있기 때문이다. 미래에 일어날 일을 미루어 짐작하는 것을 우리말에서는 '예측', 영어로는 'predict'라고 한다. 영어 단어 predict는 '앞' 혹은 '먼저'를 뜻하는 'pre'와 '말하다'를 뜻하는 'dict'가 모여 이루어진 말이다. 아직 오지 않은 앞으로 닥칠 일을 그 일이 벌어지기 전에 먼저 얘기하는 것이 바로 예측이다. 이처럼 '예측'은 항상 '미래의 예측'이다. 과거는 다르다. 과거는 예측하는 것이 아니라 기억하는 거다. 물론 그저께 비가 왔었는지 날이 맑았는지를 우리가 헷갈리거나 잘못 기억할 수는 있다. 하지만 극장에 간 것과 공원에 간 것처럼 같은 시간에 함께 할 수 없는 모순된 둘을 동시에 기억할 수는 없다. 과거는 하나의 길로만 존재하고 미래는 가능한 여러 갈림길의 모임으로 우리 눈앞에 펼쳐져 있다. 그렇다면 현재는 과거의 한 길이 미래의 여러 길로 분기하는 갈림이 일어나는 바로 그 위치다. 끊임없이 미래를 향해 매 순간 이동하는 분기점이다. 여러 갈래의 가능성의 형태로 갈라진, 미래의 길 하나가 선택될 때마다 현재는 조금씩 전진해 과거로부터 이어지던 길의 맨 끝점이 된다. 이렇게 과거로 이어진 '현재'라는 점으로부터 여러 가능성의 새로운 갈림길들이 미래를 향해 또다시 새롭게 매 순간 분기한다.

뉴턴Isaac Newton의 고전역학은 결정론의 세상을 보여준다. $F=ma$라는 한 줄의 식으로 적히는 뉴턴의 운동법칙은 대부분의 독자가 들어보았을 바로 그 유명한 식이다. 이 식의 오른쪽에 등장하는 a가 바로 가속도다. 뉴턴의 운동방정식은 힘(F)이 주어졌을 때 질량이 m인 물체의 가속도가 어떻게 결정되는지($a=F/m$)를 우리에게 알려준다. '가속도'에서 '가'는 한자로 '더할 가加'를 쓴다. 한자가 의미하는 바와 같이, 가속도는 속도에 더해지는

관계의 과학

(加) 어떤 양이다. 가속도가 있으면 속도가 더해진다. 현재 속도
가 1인데 가속도가 1이라면 속도 1에 가속도 1이 더해져, 1초 뒤
의 물체의 속도는 2가 된다. 더 정확히 단위까지 적으면 속도가
1m/s이고 가속도가 1m/s²이면 1초 뒤의 속도는 2m/s가 된다. 마
찬가지로 1초의 시간이 더 지나 처음을 기준으로 2초 뒤가 되면
1초일 때의 속도 2에 다시 또 가속도 1이 더해져서 이제 속도는
3이 된다. 자동차 운전석의 맨 오른쪽 페달을 '가속페달'이라고
부르는 이유다. 가속페달을 밟으면 속도가 더해지므로(加) 빠른
속도가 된다. 이처럼 뉴턴의 운동방정식을 통해 가속도를 구하
면($a=F/m$), 그로부터 물체의 미래 속도를 알 수 있다. 딱 한 시점
의 속도가 아니라, 1초 뒤, 2초 뒤, 그리고 한참 후의 미래의 속
도도 모두 알 수 있다.

속도를 알면 물체가 어디에 있다가 어디로 가는지, 즉 위치
의 변화도 알 수 있다. 서울에서 경부고속도로를 따라 부산 방향
으로 시속 100km의 속도로 출발한 자동차는 1시간 뒤에는 남쪽
으로 100km 떨어진 위치에, 2시간 뒤에는 200km 떨어진 위치
에 있다. 앞서 말했듯이 가속도는 속도가 미래에 어떻게 변하는
지를 알려준다. 마찬가지다. 속도는 위치가 미래에 어떻게 변하
는지를 알려준다. 뉴턴의 운동방정식이 이다지도 유명한 이유이

고, 많은 과학자가 그토록 열광하는 이유다. $F=ma$, 이 한 줄의 식을 이용하면, 힘으로부터 가속도를 얻는다. 이렇게 얻어진 가속도는 미래 시점의 속도를 결정하고, 이렇게 정해진 속도를 이용하면 또 미래 시점의 위치를 안다. 즉, $F=ma$라는 딱 한 줄의 수식을 이용하면 물체가 미래의 임의의 시점에 어디에 있는지, 그리고 얼마나 빠르게 움직이는지를 정확히 알 수 있게 된다는 뜻이다. 사실 가속도는 속도의 미분($a=dv/dt$)이고 속도는 물체의 위치의 미분($v=dx/dt$)으로 적혀서 $F=ma$는 미분이 들어 있는 미분방정식이다. $F=ma$로부터 속도와 위치를 구하는 것은 미분의 반대 과정인 적분이다. 우주는 미분으로 기술되고 적분으로 움직인다.

뉴턴의 운동방정식으로 기술되는 우주에서는 미래의 모든 입자의 위치와 속도가 한 치의 불확실성도 없이 결정되는 것처럼 보인다. 이처럼 모든 것이 결정되어 있다면 이제 미래는 여러 갈래로 매 순간 분기하는 가능성의 갈림길이 아니다. 과거로부터 이어지던 길이 하나인 것처럼, 미래는 또 마찬가지로 오로지 하나의 길로만 존재하게 된다. 이렇게 결정론으로 이어진 단 하나의 길 위에 서 있는 존재에게 미래는 과거와 동등하다. 걸어가던 방향의 저 앞을 봐도, 고개를 돌려 지금까지 걸어온 길을 뒤

관계의 과학

돌아봐도, 딱 하나의 길이 끝없이 이어진다. 길이 하나니, 그 길에서 벗어날 수도 없다. 이 존재에게 미래는 예측하는 것이 아니다. 이미 벌어진 일이라 잘 알고 있는 과거처럼 미래도 이미 알고 있는 거다. 시간이 지나 돌이켜봐서 가보지 못한 다른 길을 아쉬워할 필요도 없다. 가보지 못한 길은 어차피 갈 수 없는 길이었으니까, 아니 어차피 있지도 않은 길이었으니 말이다. 이 존재에게 미래와 과거는 아무런 차이가 없다. 미래도 과거처럼 기억하는 이 존재에게 시간은 어떤 의미일까?

운다고 시간을 되돌릴 수는 없으니, 이미 엎질러진 우유를 보고 울 필요 없다는 영어 속담이 있다. 마찬가지다. 결정론의 세계에서는 미래에 엎질러질 우유의 운명에 대해 속상해할 필요가 없다. 모든 것은 이미 결정되어 있으니, 내가 우유를 엎지를지 말지를 조심할 필요도, 걱정할 필요도 없다. 미래에 우유가 엎질러져도 이미 그렇게 예정되어 있던 것이고, 아무 문제 없이 내가 우유를 잠시 뒤 맛있게 들이켜도, 그것도 이미 그렇게 예정되어 있던 거다. 우유가 컵에 담겨 탁자 위에 놓이는 순간 이 우유가 앞으로 어떻게 될지, 우유를 구성하는 원자 하나하나가 100만 년 뒤에는 어디에 있을지도 정확히 결정되는 것이 바로 결정론의 세계다. 이런 계산이 가능한 무한한 지적 능력을 가진 존재를 처음 상상한 과학자가 바로 라플라스Pierre-Simon Laplace다. 그의 이름을 따서, 이 지적 존재를 '라플라스의 악마'라 부른다. 무한한 지적 능력을 가진 존재, 과거의 모든 것과 미래의 모든 것을 동시에 볼 수 있는 존재다. 라플라스의 악마에게는 내일 비가 올지 날이 맑을지도 이미 결정되어 있고, 비가 온다고 해도 내가 원래의 계획대로 극장에 갈지, 아니면 마음을 바꿔 집에서 책을 읽을지도 이미 결정되어 있다.

우주를 일컫는 영어단어는 유니버스universe다. 모든 것이 모여 하나uni의 전체를 이룬 것이 바로 우주란 뜻이다. 우주는 하나일 수밖에 없다. 우리가 사는 우주의 밖에서 우주의 내부에 영향을 미치는 무언가가 있다면, 그것도 하나의 전체로 내부에 포함해야 우주다. 이처럼 우주는 하나니, 라플라스의 악마가 산다면, 그가 사는 세계는 지금 내가 살고 있는 바로 이 세상이다. 내가 매 순간 미래를 향해 분기하는 가능성의 여러 갈림길을 볼 때, 나와 함께 나란히 서 있는 라플라스의 악마는 그중 딱 하나의 이미 결정된 길만을 본다는 뜻이다. 선택의 자유를 믿으며 미래의 가능성을 내가 꿈꿀 때, 라플라스의 악마는 하나의 길로 정해진 미래를 보지 못하는 내 초라한 지적 능력을 가련히 여길 거다.

모든 것이 결정되어 있는, 과거와 미래가 단 하나의 길로 끊임없이 이어져 있는 라플라스의 악마가 사는 결정론의 세상에 균열을 만든 계기가 있었다. 20세기 초 양자역학은 우리가 눈으로 매일 보는 거시적인 물체가 아닌, 원자나 전자와 같은 작은 것들의 세상이 확률과 불확실성으로 움직인다는 것을, 미래는 측정 이전에는 정해지지 않는다는 것을 보여주었다. 라플라스의 악마가 사는 결정론의 세상에 두 번째 균열을 만든 것은 20세기 중반 이후 새롭게 떠오른 비선형동역학과 카오스의 세상이다. 라플라스의 악마가 걷는, 과거와 현재와 미래를 잇는 길이 사실 1차선이 아니라는 발견이다. 내가 과거로부터 한 줄로 뻗은 길의 현재 위치에서 몇 번째 차선에 서 있는지가 저 앞으로 이어진 미래의 갈림길 중 어느 길로 접어들지를 바꿀 수 있다는 거다. 문제는 사실 이보다 좀 더 미묘하다.

길 위의 차선의 모습은 수많은 머리카락이 서로 엉켜 있는 것과 비슷해서, 정확히 내가 있는 차선이 어디인지를 아무도 말할 수 없다는 거다. 제아무리 라플라스의 악마라도 자기가 도대체 어디에 서 있는지 알 수 없으니, 미래 가능성의 여러 갈림길 중 정확히 어느 길이 택해질지는 뉴턴의 운동법칙만으로는 답을 얻지 못한다는 결론이다. 라플라스의 악마를 물리친 퇴마사가 바로 로렌츠Edward Lorenz다. 베이징에서 날개를 퍼덕인 나비 한 마리의 작은 영향으로 뉴욕의 날씨가 변할 수 있음을 우리에게 알려주었다. 결정되어 있다고 예측할 수 있는 것은 아니다.

F=ma　　힘이 없다면 물체가 현재의 운동 상태를 계속 유지한다는 것이 뉴턴의 첫 번째 법칙이다. 첫 번째 법칙이 성립하는 좌표계(이를 관성 좌표계라고 한다)에서 물체의 운동을 기술하는 두 번째 법칙이 바로 $F=ma$다. 힘 F가 질량이 m인 물체에 작용하면, 이 물체의 가속도는 $a=F/m$로 적힌다. 물체의 가속도를 알면 물체의 속도 v를 적분을 이용해 구할 수 있고, 이를 한 번 더 적분하면 물체의 위치 x를 시간의 함수로 순차적으로 얻게 된다. 뉴턴의 운동법칙을 이용하면 현재의 물체의 운동 상태에 대한 정보로부터 시작해 미래 임의의 시점에서의 물체의 운동 상태를 알 수 있게 된다. $F=ma$로 기술되는 자연현상의 미래는 결정론적으로 딱 하나로 주어진다.

미래로 가는 길은 울퉁불퉁하다

커피 자판기가 있다. 500원을 넣으면 커피 한 잔이 나온다. 500원짜리 동전 두 개면 커피 두 잔을 마실 수 있다. 자판기에 넣는 동전의 숫자가 하나, 둘, 셋, 늘어나면 커피도 마찬가지로 한 잔, 두 잔, 세 잔으로 늘어난다. 이처럼 넣은 것과 나온 것이 정확히 같은 방식으로 비례해 늘어날 때 이 시스템을 '선형'이라 한다. 가로축에는 넣은 돈이 얼마인지, 세로축에는 자판기에서 나오는 커피가 몇 잔인지를 표시해 그래프로 그리면 곧은 선 모양이 되니 '선형'이라 부른다. 100원을 넣으면 한 잔이 아닌 1/5 잔, 10원을 넣으면 1/50잔의 커피가 나오는 자판기를 상상해볼 수 있다. 이 상상의 자판기에 1원을 넣으면 1/500잔의 커피 몇 방울이 나올 거다. 선형시스템은 이처럼 넣는 양이 적으면 나오는 양도 적은 시스템이다. 마찬가지로 이 상상의 자판기에 500원을 넣었을 때와 501원을 넣었을 때 나오는 커피의 양을 비교하면 눈곱만큼인 1/500잔의 양만큼 차이가 날 거다. 두 입력량의 차이가 적으면 선형시스템에서 나오는 출력의 양도 조금만 차이 난다.

1차원 공간에서 움직이는 물체의 상태를 뉴턴의 고전역학의 틀 안에서 기술하려면 딱 두 개의 변수가 필요하다. 바로, 물체의 위치와 속도다. 이 물체의 상태를 그래프로 표시하려면 가로축에 위치를, 세로축에 속도를 표시하면 된다. 현재 위치 $x=3$에서 속도 $v=2$로 움직이고 있는 물체의 상태는 2차원 평면 위의 한 점 (3, 2)로 나타내면 된다. 물체의 운동 상태를 표시하는 이 점을 위상점phase point, 위상점이 들어 있는 공간을 '위상공간phase space'이라 부른다. 1차원에서 움직이는 물체 하나의 상태를 표시하려면 이처럼 2차원의 위상공간이 필요하다. 만약 물체가 1차원이 아니라 우리가 살고 있는 3차원의 공간에서 움직이면 어떨까. 3차원에서 움직이는 물체의 위치는 x, y, z 세 값, 속도도 마찬가지로 x, y, z 세 방향의 값을 각각 알아야 한다. 모두 여섯 개의 좌표축이 있어야 이 물체의 상태를 오롯이 표현할 수 있다.

즉, 6차원의 위상공간이 필요하게 된다. 만약 1차원에서 움직이는 두 물체라면 어떨까. 첫 번째 물체의 위치와 속도, 두 번째 물체의 위치와 속도, 모두 네 개의 변수가 필요하니, 1차원에서 움직이는 두 물체의 상태를 표현하기 위한 위상공간은 4차원이 된다. 이처럼 위상공간의 차원은 물체가 많아질수록, 공간의 차원이 커질수록 늘어난다. 이제 다음 질문에 답할 수 있으리라. N개의 입자가 d차원 공간에서 움직이는 경우 위상공간은 몇 차원일까? N개 입자 모두의 한 시점에서의 상태가 위상공간의 딱 한 점으로 표현된다는 것이 중요하다.

뉴턴의 운동방정식은 물체의 현 상태로부터 미래의 상태를 결정하니, 위상점은 시간이 지나면 위상공간 안에서 궤적을 그리며 움직이게 된다. 뉴턴의 법칙이 결정론적이라는 의미는 위상공간 안에서 정확히 같은 위치에서 운동을 시작하면 궤적은 딱 하나로 유일하게 존재한다는 뜻이다. 위상공간의 두 궤적은 결코 한 점에서 만날 수 없다는 이야기도 할 수 있다. 결론을 부정해 모순임을 보이는 방법으로 증명하면 된다. 두 궤적이 위상공간의 한 점에서 만난다고 가정하고, 정확히 이 교점 위에 놓인 위상점을 생각하자. 이 위상점은 두 개의 미래를 가지게 되어 뉴턴의 결정론에 위배된다. 따라서 위상공간 안의 어떤 궤적도 한

점에서 만날 수 없다.

입력한 양이 조금 차이 나면 출력된 양도 조금만 차이 나는 것이 바로 선형시스템이라는 것을 돌이켜보면, 고전역학계의 선형성은, 시작이 조금 차이 날 때 결과도 얼마 차이 나지 않는다는 의미가 된다. 가까이 출발한 두 궤적은 시간이 지나도 서로 멀리 벗어나지 않으므로 선형시스템의 미래를 예측하는 것은 그리 어렵지 않다. 처음 시작한 위상공간 안의 위상점의 위치를 정확히 모르더라도 고전역학으로 예측한 미래가 많이 달라지지는 않기 때문이다. 태양, 지구, 달처럼 천체가 세 개인 경우의 역학 문제가 바로 '삼체문제'다. 19세기 말 푸앵카레Jules Henri Poincaré는 삼체문제를 깊이 연구하다, 초기 조건의 작은 차이로 말미암아 엄청나게 다른 최종 결과가 나올 수 있다는 것을 알게 된다. 즉, 삼체문제는 선형시스템이 아닌 '비선형시스템'이다. 푸앵카레의 발견은, 두 위상점을 아무리 가까운 위치에서 출발시켜도 결국 두 궤적 사이의 거리가 아주 커질 수 있음을 의미한다. 바로 비선형시스템의 예측 불가능성이다. 초기 위상점의 위치를 아무런 오차 없이 무한한 정확도로 측정하는 것은 당연히 불가능하다. 하지만 이런 어쩔 수 없는 초기의 작은 오차로 말미암아 위상공간에서 미래 궤적의 불확정성이 아주 커질 수 있다는 거다. 궤적이 결정론적으로 유일하게 결정되어 눈앞에 놓여 있다 해도, 이 궤적을 위상점이 따라가려면 정확히 궤적 위에 우리가 위상점을 놓을 수 있어야 한다. 아주 약간만 삐끗하면 미래에 완전히 다른 옆길로 샐 수 있다는 뜻이다. 결정되어 있음과 예측 가능성이 같은 것이 아니라는 것을 비선형동역학은 명확히 보여준다.

세상에는 푸앵카레의 '삼체문제'와 같은 비선형시스템이 정말 많다. 종이 위에 두 점을 찍고 둘을 잇는 직선을 그려보라. 두 점을 잇는 모양 중 똑바른 직선은 딱 하나만 있지만, 구불구불 곡선으로는 얼마든지 다르게 두 점을 연결할 수 있다. 마찬가지다. 사실 자연에는 선형이 아닌 비선형시스템이 무수히 더 많다. 그럼에도 비선형동역학은 표준적인 대학 교과과정에서 큰 비중을 차지하지 않는다. 여러 교과목에서 거의 대부분 선형시스템만 배우니 물리학을 공부하는 학생들도 자연현상의 대부분이 선형이라 오해하곤 한다. 또, 교과서에 나오는 한 줌도 안 되는 답 있는 문제들만 풀어보고는 자연현상의 대부분을 물리학자가 정확히 이해할 수 있다고 생각하는 학생들도 있다. 안 풀리는 문제를 가르치긴 어려우니 교과서에 비선형시스템이 드물 뿐이다. 자연에는 해석적으로 풀리지 않는 비선형시스템이 선형시스템보다 훨씬 더 많다는 것을 잊지 말자. 수많은 종의 동물에 대해 연구하는 동물학을 코끼리학과 비코끼리학의 둘로 나누는 것은 우스운 일이다. 비선형동역학이 따로 있다는 것은 마치 비코끼리학이라는 동물학이 따로 있는 것과 비슷한 상황이라고 학자들은 장난스럽게 비유한다. 자연은 원래 비선형적이다. 선형성의 예외가 아주 드물게 있을 뿐이다.

비선형시스템은 수식의 형태로 깔끔하게 답을 적을 수 없는 경우가 대부분이어서, 위상공간을 이용해 시간 변화를 시각화하는 것이 직관적인 이해에 도움이 될 때가 많다. 시간이 흐르면 궤적이 위상공간 안에서 유한한 부피 안으로 수렴하는 경우가 있다. 이처럼 최종적으로 궤적이 끌려 들어가는 어떤 구조를 '끌개attractor'라 부른다. 궤적이 결국 하나의 점으로 수렴하는 경우에는 끌개의 차원은 0차원이다. 궤적이 점이 아니라 원처럼 폐곡선의 모양이 될 때도 있다. 1차원 끌개다. 비선형시스템이 보여주는 끌개 중에는 아주 이상한 모양도 있다. 하도 이상해 그 이름도 "이상한 끌개strange attractor"다. 이때, 처음 위상점의 위치가 어디든 관계없이 궤적은 결국 위상공간 안의 유한한 부피 안에 들어 있는 이상한 끌개를 향해 말 그대로 끌려 들어온다. 그런데 이상한 끌개는 0차원의 점도 아니고 1차원 원 모양 닫힌곡선도 아니어서 새로운 궤적을 계속 그리며 움직이는 모습이 된다. 유한한 위상공간의 부피 안에 무한히 긴 궤적이 영원히 계속되고 있는 그런 모습이라는 말이다. 게다가 앞에서 이야기한 것처럼 이 무한히 긴 궤적은 자신과도 결코 만나지 않는다. 어떤 모습이 될지 여러분이 상상해보실 수 있겠는가. 정말 이상한 모양이 될 수밖에 없다. 비선형시스템의 운동을 위상공간 안에서 시각화하면 프랙탈이 될 때가 많다. 비선형성이 지배하는 세상사에 예측할 수 있는 것이 얼마나 되겠는가. "네 시작은 미약하였으나 네 나중은 심히 창대하리라"도 세상이 비선형이라 가능한 얘기다. 그렇다면 금수저가 금수저를, 흙수저가 흙수저를 물려주는 우리 사회는 선형의 세상이다. 흙수저로 태어나도 본인의 노력으로 얼마든지 성공할 수 있고, 금수저를 물고 태어났다고 해서 인생의 성공이 자동적으로 보장되지는 않는 비선형의 사회가 더 건강한 것은 아닐까. 비선형성이 자연의 풍부한 아름다움을 만들어내듯이, 하루하루의 작은 노력이 쌓이면 얼마든지 더 나은 미래를 꿈꿀 수 있는 사회가 더 아름답다.

비선형　어떤 연산이 내부에서 수행되는 상자가 있다고 하자. 이 상자에 입력으로 x를 넣으면 y가 출력된다고 한다. x_1을 넣으면 y_1이, x_2를 넣으면 y_2가 나온다면, 상자에 두 입력을 더해 x_1+x_2을 넣으면 어떤 양이 출력될까? 만약 y_1+y_2가 출력되면, 이 상자의 내부에서 수행되는 연산을 선형이라고 한다. 상자에서 수행하는 연산을 함수 $f(x)$로 적으면, $f(x)=ax$의 꼴로 직선 모양(선형)일 때만 이 조건을 만족하기 때문이다. 스프링에 매달린 물체에 작용하는 힘이 $F=-kx$의 꼴이면 선형 조건을 만족하지만, 실에 매달린 진자의 경우처럼 $F=-mg\sin\theta$의 형태면 선형이 아니라 비선형이 된다. 실제의 자연현상 중에는 비선형이 선형의 경우보다 훨씬 더 많다.

관계의 과학

아직 우리가 가보지 못한 가능성

영화 〈컨택트〉(Arrival, 2016)를 재밌게 봤다. SF작가 테드 창 Ted Chiang의 단편소설을 영화로 만든 거다. 테드 창은 물리학자를 대상으로 인기투표를 하면 분명히 최상위에 오를 작가다. 테드 창은 과학을 소설의 양념 정도로 적당히 끼워 넣는 정도가 아니라, 본격적인 내용을 피하지 않고 정면으로 다룬다. 여기서 그의 재능이 빛을 발한다. 물리학에서 수식으로만 접했던 건조한 내용을 탁월한 문학적 상상력으로 살을 입혀 새로운 의미로 재탄생시키는 그의 소설은 경이롭다. 나는 당시에 영화로 개봉한 단편을 그의 소설 중에도 최고로 꼽는다. 내가 〈고전역학〉을 강의할 때면 학생들에게 꼭 읽어보라고 추천하는 소설이다.

영화 〈컨택트〉는 테드 창의 소설집 『Stories of your life and others』(직역하면, 『당신과 다른 이들의 인생 이야기들』) 안에 있는 단편 「Story of your life」(「당신 인생의 이야기」)가 원작이다. 단편 제목의 'story'는 단수형인데, 소설집 전체의 제목은 'stories'로 복수형인 것이 흥미롭다. 이전에도 〈백 투 더 퓨처〉처럼 과거, 현재, 미래를 넘나드는 시간여행을 다룬 영화가 많았다. 하지만 대부분의 영화 속 이야기는 복수의 '이야기들'이었다고 할 수 있다. 과거로 돌아가 과거의 일에 살짝 영향을 주면, 인과율에 따라 현재의 상황이 그에 따라 변한다는 설정이었기 때문이다. 2016년에 영화화한 테드 창의 단편은 다르다. 소설 제목의 '이야기'는 분명하게도 단수형이다. 외계인의 언어를 익힌 주인공은 자신의 과거를 기억하듯이 미래도 같은 방식으로 '기억'한다. 과거에 이미 벌어진 일을 바꿀 수 없듯이, 미래에 생겨날 일을 바꾸는 것도 불가능하다. 미래를 이미 알고 있어도 그 미래를 바꿀 수 없다. 줄거리는 미래를 향해 진행하지만, 모든 것은 그렇게 되도록 이미 정해져 있다. 미래를 '기억'하는 존재는 미래를 바꿀 수 없다. 마치 과거를 바꿀 수 없듯이 말이다. 소설의 제목에서 단수형 'story'를 쓴 것은 이 소설에 바꿀 수 없는 오직 하나의 이야기만이 있다는 의미일 거다.

관계의 과학

앞에서 이야기했듯이 우주는 영어로는 유니버스universe다. 그리고 앞에 붙은 'uni-'는 '하나'를 뜻한다. 우주는 그 정의에 따라 하나일 수밖에 없다. 외계인이 우리와 다른 우주에 살고 있다면, 우리 우주로 와서 지구를 방문할 수 없는 것은 당연하고, 심지어 우리에게 어떤 신호도 보낼 수 없다. 즉, 외계인이 지구를 방문한 이상, 외계인도 우리와 똑같은 우주에서 똑같은 물리법칙을 따르며 살고 있을 수밖에 없다. 하지만 영화 〈컨택트〉의 외계인은 자연법칙을 우리 인간과는 다르게 파악한다. 이 부분은 소설과 달리 영화에서는 충분히 다루어지지 않았다.

물리학에서 가장 중요한 주제는 '운동'이다. 앞서 말한, 뉴턴의 고전역학의 중심 주제는 물체가 지금 어디에 있는지 알 때, 미래에는 어디에 있을지를 예측하는 것이다. 내가 레이저포인터의 스위치를 누를 때 튀어나오는 빛알(혹은 광자, 영어로는 'photon') 하나의 운동을 뉴턴역학으로 설명하는 방식은 다음과 같다. 레이저포인터의 한쪽 끝에서 출발한 빛알은 현재에서 미래로 순간순간 나아간다. '지금'에서 시작해 바로 다음을 구하고, 이를 새로운 '지금'으로 해 그다음을 또 구하는 과정을 반복한다. 시간을 잘라 조금씩 한 단계씩 나아가는 것이 바로 뉴턴의 고전역학이다. 이처럼, 고전역학에서 뉴턴이 택한 사고의 틀은 시간을 잘게 나누는 '미분'을 이용한다.

고전역학을 기술하는 두 번째 방법이 있다. 바로 '적분'을 이용하는 거다. 적분의 꼴로 주어지는 어떤 양을 생각하고 이 양이 가장 작은 값을 갖는, 과거와 미래를 잇는 전체 경로를 한 번에 생각하는 거다. 레이저포인터의 한쪽 끝에서 출발한 빛알이 스크린의 한 점을 목적지로 해서 도달하는 데 걸리는 전체 소요 시간이 이 경우에는 적분 꼴로 기술되는 어떤 양에 해당한다고 생각하면 된다. 고전역학의 두 번째 틀의 설명방법은 이렇다. 먼저, 출발지에서 목적지까지 빛알이 나아갈 수 있는 무한히 많은 빛의 경로를 모두 떠올려보라. 이 무한한 수의 경로 중에는 시간이 가장 짧게 걸리는 경로가 분명히 존재한다. 빛알은 바로 그 최소시간의 경로를 따라 나아간다고 기술한다. 흥미로운 것이 있다. 위에서 설명한 고전역학의 두 다른 틀 중 어떤 것을 택해도, 즉, 미분 꼴로 운동경로를 구하나, 적분 꼴로 표현한 어떤 양이 극값을 가진다는 조건으로 운동경로를 구하나, 두 답이 항상 똑같다는 거다. 레이저포인터에서 나온 빛알의 경로는 이리 구하나 저리 구하나, 곧은 직선 모양이 된다. 사실 현대 물리학에서 적분 꼴로 물리학을 기술하는 방법은 미분 꼴로 기술하는 방법과 짝을 이뤄 여러 번 반복해서 등장한다. 양자역학에서도 슈뢰

관계의 과학

딩거Erwin Schrödinger의 파동방정식의 방법이 미분 꼴이라면, 파인
먼Richard Feynman이 제안한 경로적분의 방법은 적분 꼴이다. 이리
구하나 저리 구하나 답은 같고, 물리학을 공부하는 학생들은 두
방법을 모두 배운다. 둘 중 어떤 방법을 택할지는 주어진 문제에
따라 계산과 해석의 편리함을 고려해 그때그때 결정하면 된다.

　　영화 〈컨택트〉는 자연법칙을 기술하는 미분 꼴과 적분 꼴의
두 방법에 얽힌 세계관의 차이를 묻는다. 바로, 인과율과 목적론
의 차이다. 우리는 현재 순간에서 바로 다음 순간으로 단계적으
로 나아가는 미분의 형태를 택해 사고하는 것에 익숙하다. 저 멀
리 놓여 있는 미래에 무슨 일이 생길지는, 지금 여기서 시작해
인과율의 단계의 사슬을 이어가야 알 수 있다는 것이 우리가 익
숙한 미분 꼴의 사고방식이다. 〈컨택트〉의 외계인은 우리 지구
인의 미분 꼴의 접근 방식을 오히려 훨씬 더 어려워한다. 외계인
의 눈앞에서 미래는 과거와 동일하게, 수많은 가능성의 집합에
서 적분 꼴로 주어진 어떤 양이 극값을 갖는 경로 전체의 형태로
이미 펼쳐져 있다. 우리가 경로 위의 현재 위치에서 바로 다음이
어디일지를 고민할 때, 외계인은 경로 전체를 한 번에 본다는 말
이다. 우리에게 미래는 아직 가보지 못한 가능성이라면, 외계인
에게 미래는 한 번에 전체가 보이는 경로의 한 부분일 뿐이다.

이처럼 적분의 꼴로 물리현상을 기술하는 방식은 하나같이 일종의 목적론적인 성격을 갖는 것으로 해석할 수 있다. 사실 뉴턴의 고전역학의 테두리 안에서도 목적론적으로 물체의 운동을 설명하기도 한다. 손에서 놓은 돌멩이가 아래로 떨어지는 것은 매 순간 돌에 작용하는 중력에 의해 조금씩 돌멩이가 아래로 힘을 받아 움직인다고 설명하는 것이 인과율의 형태를 취한 미분의 방법이라면, 돌멩이가 가진 중력에 의한 퍼텐셜 에너지(혹은 '위치 에너지'라고도 함)가 작은 값을 갖기 위해 돌멩이가 아래로 떨어진다고 설명하는 것은 앞에서 설명한 적분 꼴의 목적론을 닮았다. 힘으로 설명하나 에너지로 설명하나 돌멩이가 아래로 움직인다는 사실, 그리고 운동의 경로는 정확히 동일하다. 물리학 교과서는 보통 여기서 멈춘다. 대개의 물리학자가 멈춘 곳에서도 테드 창의 소설이 묻는 질문은 이어진다. 과거에서 미래를 한 번에 관통하는 딱 하나의 "당신 인생의 이야기"는 어떤 목적 함수를 갖느냐고, 미래를 과거처럼 기억해 미래에 닥칠 끔찍한 고통을 이미 알고 있어도 당신은 그 피할 수 없는 외길을 따라 걷겠냐고. 소설의 주인공이 어떤 답을 하는지는 소설을 읽거나 영화를 보면 알 수 있다. 물론, 당신이 외계인이라면 이미 답을 알겠지만.

시간　뉴턴의 역학 체계에서 공간과 시간은 물체의 운동을 기술하기 위해 도입되는 변수일 뿐이다. 물체의 운동 상태에 따라 바뀌는 양이 아니다. 이처럼 물체의 운동과는 독립적으로 선험적으로만 취급되어온 시간은, 아인슈타인의 특수상대론에서 그 의미가 근본적으로 변하게 된다. 정지해 있는 사람이 보는 시간과 이 사람에 대해 상대적으로 빠르게 등속운동을 하는 사람이 보는 시간이 다르다는 것이 알려졌다. 나아가 아인슈타인의 일반상대론은 물체의 질량이 주변 시공간의 곡률을 변형시킨다는 것을 알려주었다. 현대 물리학에서의 시공간은 그 안에 놓인 물질에 독립적인 것이 아니다. 물질의 영향을 받는다. 양자역학과 우주론에서의 시간, 열역학에서의 시간 등 시간의 진정한 의미에 대한 여러 연구가 여전히 진행 중이다.

관계의 과학

우리의 인생은
빛살이다

"인생은 속도가 아니라 방향이 문제다"라는 멋진 얘기가
있다. 영어 표현을 찾아보니 "Life is a matter of direction, not
speed"로 적혀 있다. 우리말로 번역한 이는 물리학을 잘 알지는
못했던 모양이다. 물리학에서는 벡터인 속도velocity와 스칼라인
속력speed을 명확히 구별하기 때문이다. 크기와 방향을 모두 가
진 것이 속도고, 속력은 속도의 크기다. "인생에서는 얼마나 빨
리 나아가는지가 아니라, 어디를 향해 나아가는지가 중요하다"
가 원뜻이다. 물리학의 양자역학에는 크기가 중요하지 않고 방
향만 중요한 경우가 정말로 있다. 양자상태의 수학적 표현이 정
확히 이렇다. 이런 양을 물리학에서는 빛살ray이라고 부른다. "인
생은 빛살ray이다"가 물리학적으로는 짧고도 정확한 표현일 수도
있겠다.

멋진 말 트집은 여기서 그만. 속력은 속도의 크기고, 속도는
위치의 변화를 시간으로 나눈 양이다. 이 말을 "과거에 있었던

곳과 지금 있는 곳의 차이가 인생에서 중요하다"라고 해석할 수도 있겠다. 우리가 느끼는 '행복'에서도 마찬가지로 '차이'가 중요하다. 행복은 오랫동안 인문학의 전통적인 주제였지만, 이제는 뇌과학과 진화심리학의 발전으로 과학으로 답할 수 있게 된 것이 많다. 서은국의 책 『행복의 기원』을 감명 깊게 읽었다. 교통사고로 반신불수가 된 사람도 시간이 지나면 건강한 사람과 다르지 않은 정도의 행복을 느끼고, 로또로 벼락부자가 된 사람의 행복감도 얼마 지나면 일반인과 같아진다. 누구나 부러워하는 잘생기고 예쁜 사람과 결혼에 성공한 이도 길어야 2년 지나면 다른 이들과 별반 다르지 않은 결혼생활을 한다. 백설 공주나 신데렐라든, 콩쥐나 심청이든, 주인공의 행복한 결혼에서 동화는 대개 끝을 맺는다. 백마 탄 멋진 왕자님과 결혼에 성공해도, 화장실 변기 뚜껑을 내려놓지 않았다고 오래지 않아 부부싸움을 시작하게 될 것이 확실하기 때문이 아닐까. 인생에서 우리는 과거의 나와 비교해 지금이 더 낫다고 느낄 때 행복하다. 일확천금을 얻어도 짧은 기쁨이 지나 먼 과거가 되면, 더 이상 행복을 느끼지 못한다.

행복에 대한 연구에서 알려진 다른 사실도 많다. 저소득 국가에서 사람들이 느끼는 행복감은 국민 소득이 늘어나면 함께

관계의 과학

커진다. 내일 당장의 끼니가 걱정인 나라에서는 물론 행복하기 어렵다. 최소한의 물질적 조건은 충족되어야 행복이 가능하다. 하지만 소득이 어느 이상 늘어나면, 사람들의 행복감은 더 이상 소득에 비례해 늘지 않는다. 바로 이스털린의 역설이라 불리는 현상이다. 우리나라는 더 특이하다. 비슷한 경제 수준의 다른 나라보다 우리나라 사람들의 행복감은 무척이나 낮다. 연구자들은 그 원인으로, 스스로가 아닌, 다른 이에게 비치는 나의 모습에 초점을 둔 전통적인 가치체계를 지목한다. 나의 과거가 아니라, 나보다 나은 다른 이의 현재를 지금의 나와 비교하기 때문이다. 과도한 집단주의는 개인의 행복을 해친다. 행복에는 '다름'이 중요하지만, 나의 어제와의 다름이지, 다른 이의 현재와의 다름이 아니다. 과거에서 현재를 거쳐 미래로 진행하는 시간의 흐름에서, 어제와 다른 내일의 나를 만드는 오늘에 충실한 것이 행복의 첩경이다.

진화심리학의 연구자들은 삶의 목표를 이루려는 과정에서 진화의 과정 중 부수적으로 생겨난 감정이 바로 '행복'이라고 얘기한다. 행복은 우리가 '생존'이라는 삶의 궁극적인 목적을 이루기 위해 느끼는 부수적인 감정이라는 거다. 사랑하는 가족, 친한 친구와 둘러앉아 함께하는 저녁식사의 맛있는 김치찌개의 생생한 감각이 행복이다. 돈을 벌어 행복해지겠다는 식으로 삶의 목적을 설정하는 사람은 결코 행복해질 수 없다. 이보다는, 다양한 경험을 새롭게 하는 것이 행복에 훨씬 더 도움이 된다는 것을 여러 연구가 알려준다. 물질적인 만족으로 생긴 행복은 잠시만 지속되기 때문이다. 인간이라는 종이 지금처럼 커다란 성공을 거둔 이유는 바로 인간의 사회성이다. 우리는 같은 경험이라도 다른 이와 함께할 때 더 큰 행복을 느낀다. 사랑하는 남편, 아내와 매주 다른 곳을 찾아가 새로운 경험을 함께하라. 어제는 집에서 저녁으로 김치찌개를 맛있게 먹었다면, 오늘은 가족과 새로운 장소에서 함께 산책하라. 인생이나 행복이나 결국 요점은 어제와 다른 나다. 사랑하는 이들과 더불어, 매번 새롭고 멋진 경험을 하려 노력하라. 로또 당첨보다 훨씬 확실하고 빠른, 행복에 이르는 지름길이다. "인생을 빛살"로 만드는 첩경이다.

관계의 과학

우연은
어디에나 있다

퇴근길에 초등학교 동창을 만날지, 내일 점심으로 무얼 먹을지, 이미 결정되어 있다. 생각도 물질에서 비롯하니, 뉴턴역학의 어쩔 수 없는 귀결이다. 모든 입자의 위치와 속도 정보가 주어지면 미래는 딱 하나로 '결정'되어 있다. 점심으로 짜장면을 떠올렸다가 지금 막 짬뽕으로 바꿨다고 자유의지로 결정한 것이 아니다. 마음을 바꾸리라는 것도 이미 결정되어 있었다. 고전역학 체계 안에 우연은 없다. 이미 결정되어 있는 필연인데, 능력 부족으로 아직 알지 못할 뿐이다. 결국 우연은 인간 능력의 현재의 한계에 붙여진 이름에 불과하다. 인간의 능력이 일취월장할 미래에 우연은 없다. 기계적 결정론을 따르는 뉴턴의 고전역학에서 모든 것은 필연이다.

동의하시는지. 그럴듯해 고개를 끄덕이자니 그래도 찜찜하다. 물리학자들도 그랬다. 20세기 이전 어느 누구도 이 주장에 반대의 목소리를 높일 수 없었다. 세상에 우연도 있다는 것을 뒷

받침할 근거가 없었다. 이후, 모든 것이 필연으로 보이는 물리학에 우연의 숨통을 틔운 사건이 두 번 있었다. 양자역학의 불확정성, 그리고 카오스이론의 예측 불가능성이다.

입자의 위치와 속도를 동시에 정확히 알 수 없다는 것이 불확정성원리다. 이를 이해하려면 "위치를 정확히 안다는 것이 무슨 뜻일까?"를 고민해야 한다. 눈앞에 커피 잔이 바로 그곳에 있다는 것을 어떻게 알까? 형이상학적인 질문도, 인식론이나 뇌과학의 질문도 아니다. 커피 잔의 위치를 눈으로 볼 때 관여하는 물리현상을 묻는 물리학 질문이다. 어디선가 온 빛이 커피 잔에서 반사되어 내 눈으로 들어오고, 눈동자의 망막에 상을 맺는다. 커피 잔을 보려면 빛이 필요하다. 완전히 깜깜한 방에서는 커피 잔을 볼 수 없으니 당연하다. 우리는 빛으로 위치를 본다. 빛과의 상호작용이 없다면 우리는 아무것도 볼 수 없다.

양자역학과 고전역학의 차이는 물체가 크냐, 작냐다. 커피 잔처럼 큰 물체를 다루는 고전역학에서는 빛이 반사해도 물체는 끄떡도 없다. 전자처럼 아주 작은 입자를 다루는 양자역학의 세상은 다르다. 빛이 전자에 충돌해 반사하면, 전자는 속도가 크게 변한다. 비유해보자. 앞에 놓인 전봇대가 어디 있는지, 여기저기

탁구공을 던져보면 눈 감고도 알 수 있다. 탁구공에 맞아도 전봇
대는 끄떡없다. 고전역학 얘기다. 양자역학은 길 위에 놓인 탁구
공의 위치를 탁구공을 던져 알아내는 것과 비슷하다. 던진 탁구
공이 튀어나오는 것을 보면 길 위의 탁구공의 위치를 알 수 있
다. 하지만 탁구공에 맞은 길 위의 탁구공의 속도는 크게 변한
다. 탁구공의 위치를 알아내면 탁구공의 속도가 변한다. 모든 입
자의 위치와 속도가 주어지면 미래가 결정된다는 것이 고전역학
이다. 양자역학은 이 문장의 가정, "입자의 위치와 속도가 주어
지면"이 가능하지 않다는 것을 보였다. 하나를 알면 나머지는 알
수 없다. 입자의 위치와 속도가 동시에 정확히 결정될 수 없다.
양자역학의 불확정성원리는 뉴턴 고전역학의 결정론이 아주 작
은 세상에서는 성립하지 않는다는 것을 명확히 보여줬다.

20세기 후반, 고전역학이 이야기하는 필연은, 같은 고전역학
체계 안에서 내부의 도전을 받는다. 바로 카오스(혼돈)의 발견이
다. 광화문 앞에 나란히 놓인 두 탁구공이 있다. 바람이 불어 날
아가, 일주일 뒤, 하나는 부산, 하나는 여수에서 발견되는 것이
가능하다는 것이 카오스다. 물론 광화문 앞에서 두 탁구공을 '정
확히' 같은 위치에 놓으면 일주일 뒤 같은 장소로 날아간다. 당
연하다. 그런데 '정확히'가 얼마나 '정확히'일까? 광화문 앞 탁구

공의 위치를 소수점 아래 10자리로 아주 정밀하게 측정해도, 소수점 아래 11번째 자리가 1이냐 2냐에 따라, 탁구공은 일주일 뒤 전혀 다른 곳으로 날아갈 수 있다는 것이 알려졌다. 처음 상태의 아주 작은 차이가 증폭되어 미래에 큰 차이를 만든다는 것이 카오스이론의 한 줄 요약이다. 그렇다면 결정되어 있다고 예측할 수 있는 것은 아니다. 결정론과 예측 가능성은 다른 얘기다.

"입자의 위치와 속도가 주어지면 미래가 하나로 결정되어 있다"라는 19세기 물리학은 더 이상 진실이 아니다. 양자역학은 위치와 속도를 함께 정확히 알 수 없다는 것을, 카오스는 위치와 속도를 아무리 정확히 측정해 알아내도 결국 미래를 정확히 예측할 수는 없다는 것을 알려줬다. 많은 이가 물리학에서는 모든 것이 필연으로 결정되어 있다고 생각한다. 사실은 다르다. 물리학에도 우연은 도처에 있다. 우리 삶도 마찬가지다. 내일 점심 메뉴를 난 아직 정하지 않았다. 내 맘이다. 물리학에서나 삶에서나, 우연은 어디에나 있다.

관계의 과학

복잡계 물리학자
김범준의

복잡한 세상을 향한
명쾌한 직언

아름다운 물리학에 관하여

우주에는 모두 1,000억 개 정도의 은하가 있다. 우리가 사는 '우리은하'는 특별할 것 하나 없는 1,000억 개 중 하나일 뿐이다. 우리 지구가 뱅글뱅글 공전하고 있는 태양은 또, 우리은하의 수천억 개 별 중 특별할 것 하나 없는 변방의 한 별일 뿐이다. 여름에 멀리 교외에 나가 맑은 밤하늘을 쳐다보면 하늘 한가운데를 가로지르는 은하수를 볼 수 있다. 원반 모양인 우리은하를 납작한 면을 따라 옆에서 보면 당연히 별이 많아 밝아 보이고, 이게 바로 여름 하늘의 멋진 은하수다. 우리 눈에 막 들어온 은하수 별 하나의 빛은 그 빛이 막 별에서 출발했을 때 우리 조상은 아직 석기 시대에 살고 있었다. 맑은 가을날 밤 맨눈으로도 보이는 안드로메다은하는 우리 지구에서 약 250만 광년 떨어져 있다. 지금 막 우리 눈에 닿은 안드로메다의 희뿌연 빛이 그곳을 떠날 때 우리 선조 유인원은 땅을 딛고 막 서서 걷기 시작했으리라. 티라노사우루스가 살았던 때부터 지금까지의 시간 동안 우리 태양계는 은하 중심을 둘러 기껏해야 공전 궤도의 1/4 정도만 움직였을 뿐이다. 지구가 우리은하 전체를 한 바퀴 도는 것을 한 해라고 하면, 단군이 고조선을 건국한 것은 12월 31일 밤 11시 30분쯤이고, 우리 모두는 우리은하의 1년 중 한 4초쯤 살다 가는 셈이다. 공간적인 면에서나 시간적인 면에서나 우리는 정말로 티끌과 같다.

필자의 어린 시절, 커서 과학자의 길을 걷겠다고 마음먹게 된 계기가 된 것이 바로 이 등골이 오싹해지는 우주에 대한 경외심이었다. 캄캄한 밤하늘에 보이는 예쁜 별빛과 나 사이에 가로놓인 상상도 못 할 규모의 허공의 막막함에 대한 인식은 어린 마음에 엄청난 충격을 주었다. 그리고 이어진 깨달음은 우리 인간, 정말 티끌과 같이 작디작고 하잘것없는 인간이, 오로지 이성의 힘만으로 우주에 대해 일정 수준의 이해에 도달할 수 있다는 사실이었다. 티끌이라는 것도 놀라운데, 그 티끌이 광대한 우주 안에서 자신이 어떤 티끌이라는 것을 오직 지성의 힘만으로 알아낼 수 있다는 것은, 어린 마음에 엄청난 경이로움 그 자체였다. 우주와 그 안에 존재하는 우리 인간이 원래 그냥 그렇게 만들어진 건데 뭘 더 알아낼 것이 있느냐는 종교적 맹목성에 비해 과학은, 인간의 지성이라는 나약하고 허접한 무기를 가지고 무한에 맞서는 눈물겹도록 아름다운 정말 소중한 어떤 것으로 보였다. 물리학을 공부해서 나중에 노벨상을 받고 싶은 마음도, 물리학을 공부해서 세상에 도움이 될 무엇인가를 만들겠다는 마음도 솔직히 하나 없었다. 그냥 알고 싶었다. 내가 사는 이 커다란 우주가 도대체 무엇인지, 그리고 나는 이 광대한 우주에서 어떤 존재인지를 말이다. 그리고 마찬가지로 이런 것들을 알고 싶어 하는 사람들 중의 하나가 되고 싶었다. 필자 주변의 많은 물리학자들이 여전히 마찬가지 마음이라는 것을 잘 알고 있다.

과학연구 결과의 응용 가능성은 참 좋은 얘기다. 필자를 포함한 많은 과학자들은 연구를 진행하기 위해서 어느 정도의 연구비가 필요하기 마련이다. 연구계획서를 제출하고 심사를 통해 연구과제가 선정되면 연구비가 지원된다. 과학자들은 이런 연구비가 피땀 흘린 국민의 세금이라는 것을, 어쩌면 이 연구비가 당장 오늘 점심을 굶고 있는 아이들의 밥값이 될 수도 있었다는 것을 한시도 잊지 않고 있다. 그래도, 그래도 말이다. 물리학과 같은 기초과학의 연구에 응용 가능성의 잣대를 들이대는 것은 과학을 질식시키는 행위다. 아인슈타인의 중력이론인 일반상대론은 우리가 매일매일 사용하고 있는 자동차 위치 추적 장치 내비게이션 시스템의 정확도를 가능하게 하는 이론적 근거다. 지금으로부터 100여 년 전인 1915년에 아인슈타인이 일반상대론을 만들어낸 이유가 그걸 100년 후 내비게이터에 쓰기 위해서는 결코 아니었다. 우주가 어떻게 작동하는지 그 중력의 비밀을 '알고자' 노력한 거다. 만약 아인슈타인에게 거꾸로 위치 추적 장치에 쓰일 물리학 이론을 개발하라고 요구하고, 그 이론의 몇 년 후 경제적 가치를 예상해 연구 계획서에 적어 내라고 했다면, 십중 팔구 우린 지금 내비게이터는 고사하고 일반상대론도 가지고 있지 못할 거다. 과학은 알고자 하지, 쓰고자 하지 않는다.

"그런 것도 물리학인가요?" 자주 듣는 말이다. 족보에 있는 자료를 이용해 세계 어디에서도 볼 수 없는 우리나라의 독특한 성씨 분포가 적어도 수백 년의 역사를 가진다는 것을 알아낸 적도, 혈액형과 성격의 관계를 데이터로 살펴봐 서로 관계가 없다는 결론을 얻은 적도 있다. 주식시장에서 과거의 주가로 내일의 주가를 예측하기는 어렵다는 것을 알아내기도 했고, 작은 생명체의 신경세포 연결망을 통계적으로 살펴봐, 인공신경망의 구조를 더 효율적으로 바꾸는 방법을 제안하기도 했다. 고속도로 정체에 대한 연구를 해서 갑자기 텔레비전 뉴스에 교통문제 전문가로 소개된 적도 있고, 프로야구 경기일정표를 어떻게 짤지를 살펴봐서 신문 스포츠 면에 등장한 적도 있다. 또 도대체 윷놀이에서 이기려면 상대편 말을 잡는 것이 좋을지, 아니면 자기 편말에 업히는 것이 더 좋을지를 가지고 연구한 적도 있다. 사정이이렇다 보니, 필자가 했던 연구들이 정말 물리학이 맞는 것인지,

도대체 물리학과에서 물리학을 가르치며 밥 먹고 사는 물리학과 교수가 그런 연구를 해도 잘리지 않는지가 주변 사람들이 보기엔 참 궁금한 모양이다.

우리 모두가 몸담고 살아가는 세상에서, 매일매일 누구나 겪는 일을 물리학자의 눈으로 연구하고자 하는 시도들이 있다. 필자가 처음 우리나라의 성씨에 대한 연구를 시작할 즈음의 일이다. 우리나라 통계청 홈페이지에는 누구나 내려받을 수 있는 흥미로운 자료들이 많다. 그곳에서 사람들 성씨에 대한 자료를 내려받아, 마치 물리학의 실험 결과를 분석하듯이 이러저런 방법으로 살펴보니 흥미로운 발견을 하게 되었다. 이런 경우 대부분의 학자들은 이전에 어떤 비슷한 연구들이 있었는지를 먼저 검색해본다. 검색을 해보니 아니나 다를까 비슷한 정량적인 방법으로 성씨 분포에 대해 연구한 논문들을 몇 편 찾을 수 있었다. 그 논문들이 도대체 어떤 학술지에 출판되었는지를 봤다. 모두 다 하나같이 물리학 분야의 학술지였다. 물론 성씨 분포에 대한 연구를 물리학자들만 하는 것은 분명히 아니다. 예를 들어 "17세기 청주 지방 한 고을의 성씨에 대한 연구"는 물리학자들은 하지 못한다. 물리학자들은 성씨 연구도 물리학자처럼 한다. 물리학자들이 관심 있어 하는 것은 예를 들어, 일본 성씨의 확률분포함수는 우리나라와 어떻게 다른지와 같은 거시적인 패턴, 그리고 그런 차이가 어떻게 만들어지는지에 대한 거다. 위에서 언급한 필자의 괴짜 같은 연구들은 모두 다 연구가 완성되어 물리학 분야의 학술지에 출판되었다. 물리학자도 세상을 본다. 다른 사람들과는 좀 다르게 말이다.

철학자 윌리엄 제임스William James는 "철학은 명료하게 사유하려는 특별히 완고한 노력이다"라고 했다. 그는 또, "철학은 사유의 극한, 혹은 경계limit of thought에서 형성되는 행위"라고도 말했다. 현재 사람의 사유의 대상이 될 수 있는 것들을 모조리 모은 커다란 덩어리에서, 철학은 가장 바깥의 얇디얇은 경계선에서 시작된다는 뜻일 거다. 인간 사유의 범위의 확장에 따라 철학의 경계는 밖으로 확장될 수밖에 없으니, 철학은 영원히 인간 지성의 최전선일 수밖에 없다는 말도 되리라. 그것도 안이 아니라 밖을 향하는. 이렇게 생각해보면, '철학'을 통해 우리가 성찰하는 사유가 하루하루 세상을 살아가는 데 유용하지 않은 것은 어쩌면 당연한 일이다. '유용'하게 된 부분은 경계 밖에서 안으로 넘어와 내부에 포섭되고 따라서 더 이상 경계가 아니기 때문이다. 철학은 사유의 경계에서 외부를 향해 다시 한 발짝 나아가 세상 밖을 겨눈다.

필자는 물리학자다. 필자는 물리학도 철학 못지않아서 "물리학도 명료하게 사유하려는 특별히 완고한 노력이다"라고 생각한다. 또한, "물리학도 사유의 극한 혹은 경계에서 형성되는 행위"라고 믿는다. 더 이상 철학이기를 멈춘 인간 사유의 대상은 우리가 보고, 재고, 실험을 통해 검증할 수 있는 '현실성'의 옷을 입는 순간, 물리학의 대상이 된다. 인간 사유의 최전선에서 물리학은 철학과 등을 맞대고 사유의 범위를 확장하기 위해 함께 애쓰는 동반자가 아닐까. 확장된 철학의 경계선에 의해 내부로 편입된 사유의 대상은 이제 물리학의 대상이 된다. 물리학은 그 경계에서 세상의 안쪽을 겨눈다.

철학자 칸트Immanuel Kant에 의하면 물리학은 선험적이면서 동시에 종합적인 학문이다. 물리학의 보편타당성은 그 선험성에서, 물리학의 확장 가능성은 그 종합적 성격에서 나온다는 것이다. 선험적 종합판단의 예로 칸트는 형이상학과 함께 물리학을 꼽는다. 그는 또, "형이상학은 이성의 체계가 아니라 이성의 한계에 대한 학문"이라는 멋진 말도 했다. 필자가 존경하는 물리학자 김두철은 한 강연에서 "현대 과학의 역사는 과학 자체가 지닌 한계의 발견의 역사"라고 했다. 물리학과 철학은 사유의 경계에서 쌍생성雙生成, pair creation하는 걸까.

관계의 과학

젊은 청소년들이여, 물리학을 공부하라. 노벨상을 받기 위해서, 혹은 물리학의 성과를 멋지게 산업화하기 위해서일 필요가 전혀 없다. 바로 물리학의 눈으로 본 세상이, 그리고 물리학 자체가 눈이 시리게 아름답기 때문이다. 물리학을 통해, 우리 몸을 이루고 있는 원자들이 저 우주 어디선가 초신성의 폭발로 만들어진 바로 그 원자임을 깨닫는 것은 정말 멋진 일이다. 지금 창밖에 보이는 눈부신 햇빛이 어떻게 어디서 만들어져서 어떤 과정을 통해 내 눈에 들어오는지 아는 사람은, 또 따사로운 햇볕이 얼마나 소중한 것인지를 더 잘 알 수 있다. 인간이 지성을 가지고 할 수 있는 가장 아름다운 일 중 하나를 들으라면 필자는 물리학을 그 첫째로 꼽겠다. 물리학자는 세상을 겨눈다. 바로 앞 조만큼이 아니라, 아스라이 보이는 저기 저 너머를. 바로 내일이 아니라, 아직 눈에 보이지 않는 저 먼 미래를 말이다. 내일 한 끼의 점심을 굶더라도 어디선가 누군가는 100년 뒤, 아니 1,000년 뒤에도 여전히 의미 있을 질문을 지금 시작해야 한다. 그리고 필자는 그곳이 바로 우리나라였으면 좋겠다.

노벨상을 안 받으려면

매년 노벨상이 발표되면 물어보는 분이 많다. 금년에 상을 받은 연구는 어떤 것인지, 그리고 우리나라는 언제쯤 노벨 물리학상을 받을지가 단골 질문이다. 앞의 질문이라고 대답하기 쉬운 것은 아니지만, 매번 들어도 늘 곤혹스러운 것은 둘째 질문이다. 노벨상을 많이 배출한 나라가 전 세계 물리학 발전을 앞장서 견인하는 것은 부인할 수 없는 사실이다. 수상자를 아직 한 명도 배출하지 못한 우리나라 물리학계의 한 사람으로서 부끄러운 마음이 들 수밖에 없다. "아주 훌륭한 연구를 하는 것"말고 노벨상을 받는 다른 방법은 없다. 하지만 노벨상을 못 받게 하는 일은 얼마든지 가능한 일이다.

물리학 논문 하나하나의 제1저자(대개의 경우 논문 작성에 가장 큰 기여를 한 사람)를 기준으로 논문들을 나라별로 분류하고는 논문의 페이지 수를 가지고 나라마다 막대그래프를 그려본 적이 있다. 짧은 논문보다 긴 논문을 쓰는 것이 더 많은 노력과 시간이 들 것임을 생각하면, 어느 나라나 페이지 수가 늘어날수록 막대의 높이가 줄어드는 것은 쉽게 이해할 수 있다. 4페이지 정도의 논문이 가장 많고, 10페이지, 20페이지로 논문이 길어질수록 논문 수가 줄어드는 꼴이다. 모든 논문에는 반드시 들어가야 할 내용이 있다. 논문에서 보고한 연구가 기존 연구와 어떤 연속성을 가지는지, 그리고 어떤 차이가 있는지 설명해야 하고, 다른 연구자가 결과를 재현할 수 있도록 연구방법도 상세히 적어야 한다. 연구결과를 자세히 설명해 적는 것도 필요하다. 이렇다 보니, 물리학 분야에서 4페이지 정도보다 더 짧은 논문은 드물다. 논문 길이는 연구에 따라 다르다. 4페이지면 충분히 내용을 설명할 수 있는 연구도 있지만, 어떤 연구는 적어도 20페이지 이상이 필요할 수도 있다.

여러 나라 논문을 모아 페이지 수를 분석한 막대그래프로부터 흥미로운 관찰을 할 수 있었다. 우리나라와 중국은, 페이지 수가 늘어남에 따라 막대의 높이가 줄어드는 양상이 일본에 비해 더 두드러졌다. 미국과 독일의 경우에는 일본보다도 막대의 높이가 더 천천히 줄어든다. 즉, 우리나라와 중국의 물리학자는 미국과 독일, 그리고 일본의 물리학자보다 긴 논문을 상대적으로 적게 쓰는 경향이 있다는 뜻이다. 이유가 뭘까? 우리나라에서 짧은 논문을 연구자가 선호하는 이유는 내 주변 물리학자라면 누구나 짐작할 수 있다. 연구비 지원, 대학교마다 매년 시행하는 연구업적평가, 교수의 승진 평가, 그리고 평가기관에서 시행하는 대학평가 등, 대부분의 평가에서 논문의 숫자가 가장 중요한 평가 기준 중 하나이기 때문이다.

굳이 힘들게 오랜 기간 연구해 논문을 길게 쓸 이유가 없다. 어떤 연구 주제를 고를지 고민할 때, 당연히 아래의 기준을 이용하는 것이 합리적이다. 연구비 지원 기간 안(보통 매년 결과를 보고한다)에 결과를 얻을 수 있는지, 그리고 결과를 정리해서 논문을 출판할 때까지 짧은 시간과 적은 노력으로 충분한지가 중요한 기준이 된다. 20페이지 논문이나 4페이지 논문이나 둘 모두 정확히 같은 '논문 한 편'으로 평가받는데, 누가 힘들여 긴 논문을 쓰겠는가. 아니, 긴 논문을 써야 할 위험(!)이 예상되는 연구는 아예 시작도 하지 않는 것이 유리하다.

이 내용을 쓰다 두려워졌다. 이 글을 본 누군가가 또 새로운 지표를 만들면 어쩌나. 미국과 독일처럼 노벨상을 많이 배출한 나라는 긴 논문이 많고, 논문의 길이가 아닌 숫자를 중요한 지표로 이용하니 우리나라 연구자가 긴 논문을 쓰지 않으려 한다는 내 이야기를 피상적으로 이해하고, 논문의 페이지 수도 평가 지표로 넣을까 두렵다. 한 나라의 초콜릿 소비량이 그 나라의 노

관계의 과학

벨상 수상자 숫자와 상당히 강한 상관관계가 있다는 것이 알려져 있으니, 전 국민 초콜릿 먹기 운동을 벌여 노벨상을 받겠다는 것과 비슷한 얘기다. 상관관계와 인과관계의 차이를 이해 못 하는 사고방식이라는 면에서, 논문 많이 쓰기 운동이나, 긴 논문쓰기 운동이나, 초콜릿 먹기 운동이나 도긴개긴이다. 만약 논문 페이지 수가 평가지표로 이용되면 내가 예상할 수 있는 것이 있다. 논문 페이지 수를 인위적으로 늘리려 노력하게 될 거다. 4페이지에서 끝낼 수 있는 논문을 10페이지로 늘려 중언부언 적게 될 거다. 지금 하는 얘기는 미국과 독일처럼 페이지 수가 많은 논문을 쓰자는 것이 절대 아니다. 한 사람 한 사람마다 숫자 하나를 대응시켜서 연구자들을 한 줄로 줄 세우는 일을 하지 말자는 거다. 연구자를 한 줄로 늘어놓는 정량적인 지표가 무엇인지가 논의의 중심이 되는 한, 우리나라에서 노벨상은 결코 나오지 못한다. 노벨상 수상은 논문을 많이 썼거나 긴 논문을 쓴다고 받는 것이 아니다. 훌륭한 연구를 해야 가능한 일이다. 하지만 논문의 수를 주로 평가해 긴 논문을 쓰는 것이 간접적으로라도 지금처럼 불이익이 된다면, 오랜 시간 충실히 진행해 길게 논문으로 설명할 필요가 있는 중요한 연구주제는 연구가 시작도 안 될 위험이 있음을 지적하고자 할 따름이다.

오해 마시라. 대부분 과학자는 좋은 연구를 하고 싶어 한다. 노벨상은 훌륭한 연구의 결과이지 연구의 목표는 아니다. 어쨌든 노벨상을 구체적으로 어떻게 해야 받을 수 있는지는 난 모르겠다. 하지만 어떻게 하면 노벨상을 받지 못하게 할 수 있는지에 관해서라면 몇 가지 생각이 떠오른다. 국가에서 지원하는 연구비는 극소수의 과학자에게 몰아주자. 쩨쩨하게 100억이 아니라 1년에 1,000억씩, 아니 한 명에게 1조쯤. 이리하면, 먼 미래에 훌륭한 연구로 이어질 수도 있는 연약한 싹은 처음부터 깡그리 죽일 수 있고, 엄청난 연구비를 받는 사람은 연구자가 아닌 관리자의 역할이 더 중요해져 창의적인 연구를 못 하게 되니, 노벨상 수상을 불가능하게 할 좋은 방법이다. 과학자로 하여금 자부심을 갖지 못하게 하는 것도 필요하다. 이는 민간기업에서도 쉽게 할 수 있다. 인공지능의 기본적인 작동원리를 고민해 구현하는 과학자의 급여는 줄이고, 과학자가 만든 인공지능 장치를 판매하는 사람에게 훨씬 더 높은 월급을 주는 것도 좋은 방법이 되겠다. 정부가 할 일은 더 많다. 정부의 정책결정을 위해 자문하고 토론회를 열고는 정부가 원하는 방향에 반대 의견을 내는 과학자는 블랙리스트를 만들어 다음에 다시는 부르지 않으면 된다. 이는 과학자로서의 자부심을 빼앗아 자괴감을 줄 뿐 아니라, 정부가 원하는 대로 정책을 밀어붙일 수 있는, 꿩 먹고 알 먹고

관계의 과학

일거양득의 좋은 방법이다. 대학원생들에 대한 경제적인 지원을 정부나 대학이 책임지지 않고, 지금처럼 지도교수 개인에게 맡기는 것도 잊지 말기를. 연구비로 인건비를 지급하는 지도교수는 매년 평가 기준을 맞추어야 다음 해 연구비를 받을 수 있으니, 지금까지처럼 1년 안에 마쳐서 여러 편의 짧은 논문으로 쪼개 결과를 출판할 수 있는, 곧 학계에서 잊힐 연구를 계속한다. 또, 인건비를 매개로 한 지도교수에 대한 대학원생의 경제적 종속은, 중세적인 사제 간 신분적 종속관계로 쉽게 이어진다. '시키면 한다'의 마음가짐으로 무장한, 질문하지 않는 것이 몸에 밴 젊은 대학원생은 창의적인 생각의 씨앗을 싹 틔울 수 없게 된다. 과학 연구를 계속할 수만 있다면, 엄청난 경제적인 보상이 없더라도 직업의 안정성 말고 더 바랄 것이 없다는 순진한 젊은 과학도가 많다. 이들이 일찍 그 꿈을 포기하도록 학위 후의 직업 불안정성을 지금처럼 유지하는 것도 필요하다. 학위를 취득한 박사후연구원이 첨단 과학연구의 최전선에서 매일매일 중요한 성과를 만들고 있다는 자부심을 갖지 못하게 하고, 현재의 불안정한 취업 상태가 자신의 능력이 부족하기 때문이라는 생각을 계속 유지하도록 해야 한다. 정규직 연구자는 줄이고 비정규직을 늘려야 하고, 게다가 이들에게는 불안한 비정규직마저도 감지덕지 감사할 일이라는 것을 끊임없이 주지시켜야 한다. 노벨

물리학상 수상자 수 0명, 영원히 계속할 수 있다. 지금처럼만 한 다면야.

우리의 바깥에 관하여

물리학자 파인먼이 제안한, 따라 하기만 하면 어떤 문제라도 풀지 못할 것이 없는, 기발한 문제 해결법이 있다. 바로, 딱 세 단계로 이루어진 파인먼 알고리듬이다. 1)해결하고자 하는 문제를 종이에 쓴다. 2)골똘히 생각한다. 3)답을 쓴다. 이 방법이 실없는 우스갯소리로만 들린다면 한번 직접 적용해보라. 늘 답을 찾을 수 있는 것은 아니지만, 놀랍도록 성공적인 방법이다. 흥미롭게도, 파인먼 알고리듬은 '씀'에서 시작해 '씀'으로 끝난다. 세 번째 단계의 '씀'이 읽는 이를 향한다면, 첫 단계의 '씀'은 쓴 이를 향한다. 쓴 이가 깨친 '앎'을 읽는 이에게 전달하는 과정이 세 번째 단계의 '씀'이라면, 첫 단계의 '씀'의 역할은 쓴 이 스스로의 깨우침이다.

막상 문제를 구체적인 질문의 형태로 종이 위에 적다 보면, 사실은 문제 자체도 잘 모르고 있었다는 자기 성찰을 할 때가 많다. 도대체 문제가 정확히 무엇인지조차도, 문제를 적다 보면 명확해진다. 문제를 쓴다고 자동으로 답을 알게 되는 것은 물론 아니지만, 쓰다 보면 적어도 내 앎의 부족은 알게 된다. 내가 과연 무엇을 알고 무엇을 모르는지를 알고 싶다면 직접 써보면 될 일이다. "아는 것을 안다 하고 모르는 것을 모른다 하는 것이 참된 앎知之爲知之 不知爲不知 是知也"이라는 『논어』의 구절도 마찬가지 이야기다. 공자님의 이 말씀을 실천하려면 질문을 써보는 것만큼 좋은 방법은 없다. 모른다는 것을 모르면 우리는 아무것도 더 배울 수 없다.

그렇다면 무엇을 모르는지를 어떻게 하면 가능한 한 빨리 스스로 깨달을 수 있을까? 물리학 연구를 함께 진행하는 대학원생에게 종종 해주는 이야기가 있다. 연구가 다 마무리되기 전에 논문을 쓰기 시작하라는 거다. 막상 논문을 쓰다 보면, 어떤 부분이 부족한지를 스스로 알게 되기 때문이다. 논문을 쓰다 보면, 어떤 기존 연구를 더 조사해야 하는지, 현재 진행하고 있는 연구가 도대체 과거 다른 연구자의 연구와 어떤 점에서 다른지, 내가 아직 명확히 이해하지 못한 내용이 무엇이지, 그리고 결론을 보다 더 명확하게 뒷받침하려면 어떤 연구가 더 필요한지 잘 알게 된다. 쉬운 일은 아니겠지만, 현재 진행하고 있는 연구를 매일매일 돌이켜보며 논문의 내용을 조금씩 계속 적어가는 것이 연구자에게 큰 도움이 된다.

관계의 과학

많은 사람이, 물리학자가 읽는 전문적인 연구논문과 물리학을 전혀 모르는 대중을 독자로 한 글은 한참 다르다고 생각할지도 모르겠다. 사실은 그렇지 않다. 둘은 상당히 닮았다. 독자가 물리학자냐 아니냐만 다를 뿐, 독자를 한 단계 한 단계 내가 말하고자 하는 결론을 향해 설득하는 과정이라는 면에서, 두 글쓰기의 차이는 없다. 처음부터 마지막까지 논문의 모든 문장에서, 어떻게 글을 써야 읽는 이가 이해할지를 끊임없이 고민하는 것이 과학자가 되는 과정에서 누구나 겪는 혹독한 훈련이다. 내가 좋아하는 연구논문들의 특징이 있다. 찬찬히 따라 읽어 막상 결론을 이해하고 나면 그 결과가 너무나 자명해 보이는 논문이다.

물리학의 대상은 나노 크기부터 수백억 광년의 우주를 넘나든다. 그런데 그 안에 '나'는 없다. 뇌과학자는 사람의 경이로운 뇌를 연구한다. 사람의 팔을 연구하는 의학자, 그리고 팔의 진화 과정을 연구하는 고인류학자도 있다. 이들 연구자들은 연구가 마무리된 후에는 본인이 수행한 연구의 유일한 연구자의 자격에서 배제된다. 내가 아닌 어느 누구라도 내가 거친 과정을 정확히 따라 반복하면 똑같은 결과를 얻을 수 있어야 한다. 그래야만 연구의 결과가 타당하다고 받아들여지기 때문이다. 그리고 그런 확신이 있을 때만 연구결과를 공개하도록 훈련받기 때문이다. 논문의 연구결과를 다른 연구팀이 도대체 다시 만들어낼 수 없다는 보고가 반복되면 발표된 논문이 철회되기도 한다. 우리나라와 일본의 연구자들이 줄기세포 관련된 연구논문을 철회하게 되어 온 세상의 주목을 끈 적도 있다. 이런 비정상적인 방식으로 출판된 논문들이 사실은 아주 드물기 때문이다.

연구를 통해 무언가를 알아내면, 다른 이에게 알리고 싶어진다. 내 얘기를 들은 사람은 또 나에게 자신의 생각을 들려줄 수도 있다. 이러한 타인과의 소통의 과정을 통해, 나의 이해를 더 깊게 할 수도, 연구의 부족함을 깨달을 수도 있다. 요즘에는 과학연구를 통해 알게 된 내용을 과학자가 아닌 사람들에게 알리는 것도 무척 중요한 소통의 형태이지만, 과학자는 주로 논문과 학회참석을 통해 다른 이들과 소통한다. 과학계에서의 소통도 양방향이다. 양쪽이 치열하게 토론하기도 한다. 물리학 분야에서의 토론이 일상적인 토론과 다른 점이 있다. TV에 나온 소속정당이 다른 두 정치인은 토론을 통해 합의에 이르는 것을 거의 볼 수 없지만, 과학자의 토론은 모두가 동의할 수 있는 결론이 있다는 암묵적인 가정에 기반을 두어 진행된다. 물론 토론의 상대방이 내 의견에 동의하지 않는 경우도 물론 많다. 그럴 때는 내가 가진 모든 정보를 공개하고, 논리적 추론의 과정도 투명하게 알려주는 것이 먼저 할 일이다. 공통의 기반에 함께 동등하게 서 있어야만 합리적인 추론을 통한 합의가 가능하기 때문이다. 과학연구가 진행되는 현장에서도 과학자들은 늘, 본인의 연구방법이 투명하게 공개될 수 있는지, 연구 진행에서의 추론과정이 합리적인지, 그리고 얻어진 결과를 제3자가 재현할 수 있는지를 늘 고민한다. 난, 과학의 방법이 가진 특성으로 투명성, 합리성, 그리고 객관성을 꼽는다. 소통을 통한 과학의 누적적 발전이 이루어지기 위해 꼭 필요한 특성들이다.

참고문헌

글에서 참고한 자료 중 DOI(Digital Object Identifier)번호가 부여된 논문은 DOI번호를 표기했다. 예를 들어, 구글 검색창에 "DOI:10.1162/isec.2008.33.1.7"를 입력하면, 출판 저널의 논문 웹페이지로 쉽게 이동할 수 있다.

1부

때맞음
S.-G. Yang, H. Hong, and B. J. Kim, Asymmetric dynamic interaction shifts synchronized frequency of coupled oscillators, Sci. Rep. (in press).
상전이
DOI:10.1162/isec.2008.33.1.7
DOI:10.1103/PhysRevLett.109.118702
링크
DOI:10.1103/PhysRevE.81.057103
누적확률분포
DOI:10.1038/nature24646
춤추며 생각 바꾸기, 얼마든지 가능한 일
DOI:10.1511/2006.3.220
DOI:10.1126/science.1167742

2부

벡터
DOI:10.1038/srep00370
DOI:10.1073/pnas.1018962108

관계의 과학

창발

DOI:10.1371/journal.pone.0059739
DOI:10.1073/pnas.1512241112
DOI:10.1073/pnas.1512241112
DOI:10.4161/cib.21421
DOI:10.13140/2.1.1334.1122
DOI:10.1371/journal.pone.0184074
DOI:10.1016/j.physa.2011.07.033
DOI:10.1103/PhysRevE.80.016111
DOI:10.1126/science.aan3891
DOI:10.1007/s10015-018-0473-7
https://www.quantamagazine.org/smart-swarms-of-robots-seek-better-algorithms-20180214

3부

프랙탈

김상훈, 《새물리》 44, 158(2002)
DOI:10.1038/20833
DOI:10.1038/srep07370

4부

버스트
DOI:10.1038/nature03459
푸아송분포
DOI:10.1140/epjds29
마구걷기
DOI:10.1038/356168a0

감사의 글

책에 실린 여러 분석과 연구는 필자의 연구그룹에서 긴 시간을 동고동락했던 연구원들이 주로 수행했다. 큰 도움을 준 연구원들에게 깊은 감사의 마음을 전한다.

1부 "연결"의 내용 중, "문턱값: 변화는 언제 일어나는가"에서 산불 모형의 컴퓨터 시뮬레이션은 이대경 연구원이 진행했다. 양성규, 조우성 연구원은 "때맞음: 과학에도 때가 있다"에서 사람들의 때맞음을 측정하고 이를 분석했으며, 한성국, 엄재곤 연구원은 "링크: 귀가 얇은 지도자를 선택하면 생기는 좋은 일"에서 투표자 모형을 고안하고 컴퓨터 시뮬레이션을 통해 의미 있는 결과를 얻었다. 이대경 연구원은 또, "누적확률분포: 부의 치우침을 줄일 수 있을까"에서 소득세와 재산세를 고려한 부의 불평등도의 변화의 양상을 컴퓨터 모형을 이용해 계산하기도

관계의 과학

했다. 2부 "관계" 중 "벡터: 과학적으로 절친 찾는 법"의 연결망 그림은 이송섭 연구원의 도움을 받았고, 이대경 연구원은 "허브: 우정의 개수를 측정하는 방법"의 연결망 모형의 계산을 수행했다. "커뮤니티: 국회의원, 누가누가 친할까"에 소개된 국회의원 연결망은 조우성, 이송섭 연구원의 도움이 없었다면 살펴볼 수 없는 결과였고, "팃포탯: 국회의원도 게임을 한다"의 결과는 모두 이송섭 연구원이 얻었다. 3부 "시선"의 "카토그램: 정확히 알려면 다르게 읽어야 한다"에 들어 있는 인구비례지도는 이대경, 이송섭 연구원이 함께 큰 도움을 주었다. "중력파: 보이지 않아도 존재한다"에서 이대경 연구원은 멀리선 본 내가 차은우로 보이도록 만들어주었다. 4부 "흐름"의 "버스트: 잠잠과 후다닥"에서는 김기범, 이미진 연구원이 자료의 수집과 분석에 큰 도움을 주었으며, "지수함수: 흥행의 이유, 유행의 법칙"에서는 이대경, 이송섭 연구원이 영화 데이터의 수집과 분석을 진행했다. 4부의 "이름이 달라야 서로를 구별한다"에서 작가와 일반인의 이름을 모아 멋진 분석을 해준 이는 이미진 연구원이다. 책의 부록 "노벨상을 안 받으려면"에 소개된 국가별 논문 페이지 수의 통계는 이송섭, 조우성 연구원의 분석 결과다.

교수나 박사 말고도 '작가'라는 칭호를 처음 갖도록 해주신

동아시아 출판사의 한성봉 대표께 고마움을 전한다. 『관계의 과학』은 첫 책인 『세상물정의 물리학』과 마찬가지로, 한 대표님의 따뜻한 격려가 없었다면 세상에 나올 수 없던 책이다.

책의 편집을 맡아주신 조유나 선생님께도 깊은 감사의 말씀을 드린다. 책이 지금의 모습을 갖고 세상에 나올 수 있었던 것은 오로지 조유나 선생님의 덕이다. 조 선생님의 책의 구성에 대한 새롭고 놀라운 제안, 그리고 애정 어린 성실성에서 큰 감명을 받았다.

내 삶의 동력은 물론 가족이다. 사랑하는 아내 손윤이, 그리고 언제나 예쁜 두 딸 수빈, 유빈에게도 깊은 고마움을 전한다.

아, 그리고 우리 집 강아지 콩이에게도.